职业院校“十四五”规划餐饮类专业新形态一体化系列教材
职业院校“十四五”规划西式烹饪工艺专业新形态一体化系列教材

总主编　杨铭铎 吕新河

汤与少司工艺

STOCKS, SAUCES AND SOUPS

主　编◎陆理民　江云涛　郭小粉
副主编◎高志斌　尚远新　江永丰　李　洋
参　编◎徐海姝　李子文　陆少凤　徐　迅
刘　雄　周文达　朱照华　李兴武
韩小院　束凤鸣　经　晶　王　红
傅燕平　陈　鹏　杨铭睿

華中科技大學出版社
http://press.hust.edu.cn
中国·武汉

内 容 简 介

本教材是职业院校"十四五"规划餐饮类专业新形态一体化系列教材、职业院校"十四五"规划西式烹饪工艺专业新形态一体化系列教材之一。

本教材共包括三个模块，分别为基础汤制作、少司制作、汤菜制作，体现了思政融入、立德树人，校企合作、实用权威，模块结构、体例新颖，基于任务、理实一体，创新形态、多元立体五大特点。

本教材既可作为西式烹饪工艺等餐饮类专业教学用书，也可作为餐饮企业相关专业培训用书，还可作为广大烹饪爱好者自学用书。

图书在版编目 (CIP) 数据

汤与少司工艺 / 陆理民，江云涛，郭小粉主编 .-- 武汉 : 华中科技大学出版社，2024. 6. -- ISBN 978-7-5772-1114-5

Ⅰ. TS972.122

中国国家版本馆 CIP 数据核字第 20246HM928 号

汤与少司工艺

Tang yu Shaosi Gongyi

陆理民 江云涛 郭小粉 主编

策划编辑：汪飒婷

责任编辑：汪飒婷

封面设计：廖亚萍

责任校对：朱 霞

责任监印：周治超

出版发行：华中科技大学出版社（中国·武汉） 电话：(027) 81321913

武汉市东湖新技术开发区华工科技园 邮编：430223

录 排：华中科技大学惠友文印中心

印 刷：武汉科源印刷设计有限公司

开 本：889mm×1194mm 1/16

印 张：11.5

字 数：272 千字

版 次：2024 年 6 月第 1 版第 1 次印刷

定 价：49.80 元

本书若有印装质量问题，请向出版社营销中心调换

全国免费服务热线: 400-6679-118 竭诚为您服务

序

加强餐饮教材建设，提高人才培养质量

餐饮业是第三产业的重要组成部分，改革开放40多年来，随着人们生活水平的提高，作为传统服务性行业，餐饮业在刺激消费、推动经济增长方面发挥了重要作用，在扩大内需、繁荣市场、吸纳就业和提高人们生活质量等方面都做出了积极贡献。就经济贡献而言，2022年，全国餐饮收入43941亿元，占社会消费品零售总额的10.0%。全国餐饮收入增速、限额以上单位餐饮收入增速分别相较上一年下降24.9%、29.4%，较社会消费品零售总额增幅低6.1%。2022年餐饮市场经受了新冠肺炎疫情的冲击、国内经济下行等多重考验，充分展现了餐饮经济韧性强、潜力大、活力足等特点，虽面对多种不利因素，但各大餐饮企业仍然通过多种方式积极开展自救，相关政策也在支持餐饮业复苏。目前餐饮消费逐渐复苏回暖，消费市场已初现曙光。党的二十大吹响了全面建设社会主义现代化国家、全面推进中华民族伟大复兴的奋进号角，作为人民基本需求的饮食生活，餐饮业的发展与否，不仅关系到能否在扩内需、促消费、稳增长、惠民生方面发挥市场主体的重要作用，而且关系到能否满足人民对美好生活的需求。

一个产业的发展离不开人才支撑。科教兴国、人才强国是我国发展的关键战略。餐饮业的发展同样需要科教兴业、人才强业。经过60多年，特别是改革开放后40多年的发展，目前餐饮烹饪教育在办学层次上形成了中等职业学校、高等职业学校、本科（职业本科和职业技术师范本科）、硕士、博士五个办学层次，在办学类型上形成了烹饪职业技术教育、烹饪职业技术师范教育、烹任学科教育三个办学类型，在举办学校上形成了中等职业学校、高等职业学校、高等师范院校、普通高等学校的办学格局。

我曾经在拙著《烹饪教育研究新论》后记中写道：如果说我在餐饮烹饪领域有所收获的话，有一个坚守（30多年一直坚守在餐饮烹饪教育领域）值得欣慰，有两个选择（一是选择了教师职业，二是选择了餐饮烹饪专业）值得庆幸，有三个平台（学校的平台、教育部平台、非政府组织（NGO）——

行业协会平台）值得感谢。可以说，“一个坚守，两个选择，三个平台”是我在餐饮烹饪领域有所收获的基础和前提。

我从行政岗位退下来后，时间充裕了，就更加关注餐饮烹饪教育，探讨餐饮烹饪教育的内在发展规律，并关注不同层次餐饮烹饪教育的教材建设，特别感谢华中科技大学出版社给了我一个新的平台。在这个平台，一方面我出版了专著《烹饪教育研究新论》，把 30 多年的教学和科研经验及体会呈现给餐饮烹饪教育界；另一方面我与出版社共同承担了 2018 年在全国餐饮职业教育教学指导委员会立项的重点课题“基于烹饪专业人才培养目标的中高职课程体系与教材开发研究”（CYHZWZD201810）。该课题以培养目标为切入点，明晰烹饪专业人才的培养规格；以职业技能为结合点，确保烹饪人才与社会职业的有效对接；以课程体系为关键点，通过课程结构与课程标准精准实现培养目标；以教材开发为落脚点，开发教学过程与生产过程对接、中高职衔接的两套烹饪专业课程系列教材。这一课题的创新点在于研究与编写相结合，中职与高职同步，学生用教材与教师用参考书相联系。编写出的中职、高职烹饪专业系列教材，解决了烹饪专业理论课程与职业技能课程脱节，专业理论课程设置重复，烹饪技能课交叉，职业技能倒挂，中职、高职教材内容拉不开差距等问题，是国务院《国家职业教育改革实施方案》完善教育教学相关标准中“持续更新并推进专业目录、专业教学标准、课程标准、顶岗实习标准、实训条件建设标准（仪器设备配备规范）建设和在职业院校落地实施”这一要求在餐饮烹饪职业教育落实的具体举措。《烹饪教育研究新论》和重点课题均获中餐科技进步奖一等奖。基于此，时任中国烹饪协会会长、全国餐饮职业教育教学指导委员会主任委员姜俊贤先生向全国餐饮烹饪院校和餐饮行业推荐这两套烹饪专业教材。

进入新时代，我国职业教育受到了国家层面前所未有的高度重视。在习近平总书记关于职业教育的系列重要讲话指引下，国家出台了系列政策，国务院《国家职业教育改革实施方案》（简称职教 20 条），中共中央办公厅、国务院办公厅《关于推动现代职业教育高质量发展的意见》（简称职教 22 条），中共中央办公厅、国务院办公厅《关于深化现代职业教育体系建设改革的意见》（简称职教 14 条），以及新的《中华人民共和国职业教育法》颁布后，职业教育出现了大发展的良好局面。

在此背景下，餐饮烹饪职业教育也取得了令人瞩目的进展，其中从 2021 年 3 月教育部印发的《职业教育专业目录（2021 年）》到 2022 年 9 月教育部发布的《职业教育专业简介》（2022 年修订），为餐饮类专业提供了基本信息与人才培养核心要素的标准文本，对于落实立德树人的根本任务，规范餐饮烹饪职业院校教育教学、深化育人模式改革、提高人才培养质量等具有重要基础性意义，同时为餐饮烹饪职业教育的发展提供了良好的契机。

新目录、新简介、新教学标准，必然要有配套的新课程、新教材。国家在教学改革方面反复强调“三教”改革。当前，以职业教育教师、教材、教法为主的“三教”改革进入落实攻坚阶段，成为推进职业教育高质量发展的重要抓手。教材建设是其中一个重要的方面，国家对教材建设提出“制定高职教育教材标准”“开发教材信息化资源”和“及时动态更新教材内容”三个核心要求。

进入新时代，适应新形势，达到高标准，我们启动新一批教材的开发工作。它包括但不限于新版专业目录下的第一批中高职教材（2018 年以来）的提档升级，新开设的职业本科烹饪与餐饮管理专业教材的编写，相关省、市、地方特色系列教材以及服务于餐饮行业和饮食文化等方面教材的编写。与第一批教材建设相同，第二批教材建设也是作为一个体系来推进的。

一是以平台为依托。教材开发的最终平台是出版机构。华中科技大学出版社（简称“华中出版”）创建于 1980 年，是教育部直属综合性重点大学出版社，建社近 40 年来，秉承“超越传统出版，影响未来文化”的发展理念，打造了一支专业化的出版人才队伍和具备现代企业管理能力的职业化管理团队。在教材的出版上拥有丰富的经验，每年出版图书近 3000 种，服务全国 3000 多所大中专院校的教材建设。该社于 2018 年全方位启动餐饮类专业教材的策划和出版，已有中职、高职专科、本科三个层次若干种教材问世，并取得了令人瞩目的成绩。目前该社已有餐饮类“十三五”职业教育国家规划教材 1 种，“十四五”职业教育国家规划教材 7 种，“十四五”职业教育省级规划教材 7 种。特别令人欣慰的是，编辑团队已经不再囿于传统方式编写和推销教材，而是从国家宏观层面把握教材，到中观层面研究餐饮教育规律，最后从微观层面使教材编写与出版落地，服务于“三教”改革。

二是以团队为根本。不同层次、不同课程的教材要服务于全国餐饮相关专业，其教材开发者（编著者）应来自全国各地的院校、教学研究机构和行业企业，具有代表性；领衔者应是这一领域有影响力的专家，具有权威性；同时考虑编写队伍专业、职称、年龄、学校、行业企业、研究部门的结构，最终通过教材建设，形成跨地区、跨界的某一领域的编写团队，达到建设学术共同体的目的。

三是以项目为载体。编写工作项目化，教材建设不只是就编而编，而是应该将其与科研、教研项目有机结合起来，例如，高职本科“烹饪与餐饮管理”专业系列教材就是在哈尔滨商业大学承担的第二批国家级职业教育教师教学创新团队（烹饪与餐饮管理专业）与课题研究项目的基础上开展的。高职“餐饮智能管理”专业系列教材是基于长沙商贸旅游职业技术学院承担的第二批国家级职业教育教师教学创新团队（“餐饮智能管理”专业）和上述哈尔滨商业大学课题研究项目的子课题。还有全国、各省（自治区、直辖市）成立的餐饮烹饪专业联盟、餐饮（烹饪）职教集团、共同体的立项；一些地区在教育行政部门、教育研究部门、行业协会以及学校自身等立项，达到“问题即是课题，课题解决问题”的目的。

四是以成果为目标。从需求导向、问题导向再到成果导向，这是教材开发的原则，教材开发不是孤立的，故成果是成系列的。在国家政策、方针指引下，国家层面的专业目录、专业简介框架下，形成专业教学标准、具有地方和院校特色的人才培养方案、课程标准、教学模式和方法。形成成果的内容如下：确定了中职、高职专科、本科各层次培养目标与规格；确定了教材中体现人才培养中的中职技术技能、高职专科高层次技术技能、本科高素质技术技能三个层次的形式；形成了与教材相适应的项目式、任务式、案例式、行动导向、工作过程系统化、理实一体化、实验调查式、模拟式、导学式等教学模式。成果的形式应体现教材的新形态，如工作手册式、活页式、纸数融合、融媒体，特别是要吸收VR、AR，可视化、智能化、数字化技术。这些成果既可以作为课题的一部分，也可以作为论文、研究报告等单项独立的成果，最后都能物化到教材中。

五是以共享为机制。在华中出版的平台上，以教材开发为抓手，通过组成全国性的开发团队，在项目实施中通过对教育教学开展系列研究，把握具有特色的餐饮烹饪教育规律，形成共享机制，一方面提升教材开发团队每一位参与者的综合素质，加强团队建设；另一方面新形态一体化教材具有科学性、先进性、实用性，应用于教学能大大提高餐饮烹饪人才培养质量。做到教材开发中所形成的一系列成果被教材开发者、使用者等所有相关者共享。

党的二十大报告指出，统筹职业教育、高等教育、继续教育协同创新，推进职普融通、产教融合、科教融汇，优化职业教育类型定位。中共中央办公厅、国务院办公厅《关于深化现代职业教育体系建设改革的意见》提出了“一体、两翼、五重点”，“一体”是探索省域现代职业教育建设新模式；“两翼”是打造市域产教融合体，打造行业产教融合共同体；“五重点”包括提升职业学校关键办学能力、加强“双师型”教师队伍建设、建设开放型区域产教融合实践中心、拓宽学生成长成才通道、创新国际交流与合作机制。其中重点提出要打造“四个核心”，即打造职业教育核心课程、核心教材、核心实践项目、核心师资团队。这为我们在餐饮烹饪职业教育上发力指明了方向。

随着经济社会的快速发展，餐饮业必将迎来更加繁荣的时代。为满足日益发展的餐饮业需求，提升餐饮烹饪人才培养质量，我们期待全国餐饮烹饪教育工作者紧密合作，与餐饮企业家、行业专家共同推动餐饮业的快速发展。让我们携手，共同推动餐饮烹饪教育和餐饮业的发展，为建设一个富强、民主、文明、和谐、美丽的社会主义现代化强国贡献力量。

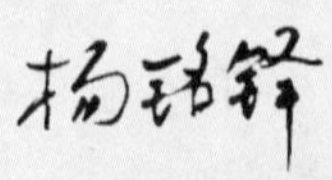

博士，教授，博士生导师

哈尔滨商业大学中式快餐研究发展中心博士后科研基地主任

哈尔滨商业大学党委原副书记、副校长

全国餐饮职业教育教学指导委员会副主任委员

中国烹饪协会餐饮教育工作委员会主席

前言

2019年，《国家职业教育改革实施方案》明确提出，建设一大批校企“双元”合作开发的国家规划教材，倡导使用新型活页式、工作手册式教材。2020年，《职业教育提质培优行动计划（2020—2023年）》提出，系统推进职业教育“三教”改革，要求教材应对接主流生产技术，注重吸收行业发展的新知识、新技术、新工艺、新方法，校企合作开发专业课教材。同年，《高等学校课程思政建设指导纲要》要求把思想政治教育贯穿人才培养体系，全面推进高校课程思政建设，结合专业特点分类推进课程思政建设。2021年，《关于推动现代职业教育高质量发展的意见》要求按照生产实际和岗位需求设计开发课程，开发模块化、系统化的实训课程体系，引导地方、行业和学校按规定建设地方特色教材、行业适用教材、校本专业教材。2023年，《教育部办公厅关于加快推进现代职业教育体系建设改革重点任务的通知》指出，深化产教融合、协同育人，开展职业教育优质教材建设，鼓励行业牵头或行业、企业、学校等共同开发，有效发挥优质专业课程教材的示范辐射作用。上述文件精神，正是近年来国家加强立德树人、强化实践教学的集中体现，为专业课程的开发和教材建设指明了方向。

在广泛征求本系列教材专家委员会及行业权威人士的意见和对相关院校、行业企业充分调研的基础上，编写团队确立了本教材的编写原则：针对行业需求，以能力为本位、以就业为导向、以学生为中心，着重培养综合职业能力和精益求精的工匠精神。

“汤与少司工艺”是新版《职业教育专业简介》（下文简称新版专业简介）中确定的西式烹饪工艺专业核心课程之一。本教材对接行业企业生产实际，进行“基于西餐烹饪岗位及其典型工作任务”的教材体系和内容的开发和编写工作，实现“五个对接”，并有机融入思政元素，顺应餐饮业产业升级需求与职教新理念发展，教材形式新颖、立体，体现数字化、信息化、活页式的时代特征。

本教材主要特色如下。

1. 思政融入、立德树人 按照“推进思政进教材、进课堂、进头脑”的文件精神，通过对接行业标准、教学标准，细化核心职业素养目标和核心专业技能标准，精准明确素质、知识、能力要求，推进“三全”育人，实现思想政治教育与技术技能培养的有机统一。在素质方面，把思政、品德、劳动教育放在教育的首位，用案例导入的方式，将思政教育自然引入专业教学之中，让学生在富含人文元素的职业实践活动中掌握专业知识和技能，塑造西式烹调师职业形象，专注精益求精的工匠精神，从而达到“高技能人才”的培养目标。

2. 校企合作、实用权威 特别邀请包括全国骨干高职餐饮院校在内的十余所职业院校的西式烹饪工艺专业骨干教师与行业专家、企业厨师长、世界技能大赛（烹饪赛项）专家、全国职业院校技能大赛专家、全国技术能手、国际国内技能竞赛金牌获奖选手等，组成校企“双元”编写团队，共同参与教材建设，同时，引入行业、国际赛事的新规范、新标准，实现专业教材的实用性、引领性和权威性。

3. 模块结构、体例新颖 打破学科体系、知识本位的束缚，加强与生产生活的联系，突出应用性与实践性，关注技术发展带来的学习内容与方式的变化。本教材直接对接行业生产实际，按照企业西餐烹饪岗位工作实际，构建模块、项目、任务三层结构体系。本教材分为“基础汤制作”“少司制作”和“汤菜制作”三大模块，模块下设项目，项目下设若干学习任务，完全对接岗位工作任务。采用模块概述、知识准备、任务分解、主体内容（任务描述、任务准备、任务实施、学习评价）、知识拓展的体例结构，突出素质的养成、技能的训练、知识的运用，真正做到“做中学”。

4. 基于任务、理实一体 基于“岗课赛证融通”的理念，本教材以“工作任务”为内容选择的参照点，按照“分析岗位典型工作任务→提炼基本职业能力→转化学习领域→设计模块和内容”的程序，依据新版“西式烹饪工艺专业教学标准”，兼顾人力资源社会保障部新版《西式烹调师国家职业技能标准》，并引入了相关国际和全国技能大赛标准，如世界技能大赛、中华人民共和国职业技能大赛、全国职业院校技能大赛等的烹饪赛项相关标准，建设完成“教、学、做”理实一体化专业教材。

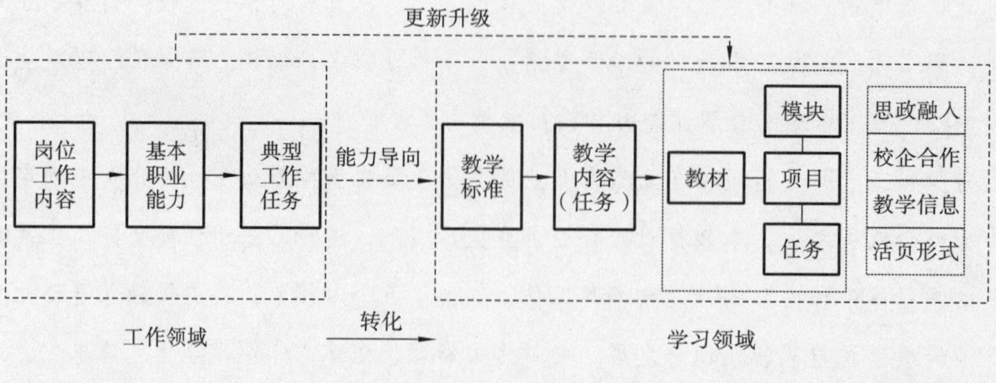

5. 创新形态、多元立体 依据“三教”改革的理念，通过配套数字化教学资源，形成“活页式＋信息化”的新形态一体化教材体系，满足“互联网＋职业教育”的新需求。

本教材由南京旅游职业学院陆理民担任第一主编，青岛酒店管理职业技术学院江云涛担任第二主编，王森冠军联盟烹饪赛事总监郭小粉担任第三主编。陆理民负责编写大纲和体例，进行统稿和总纂，对部分内容进行了修改和增补，并牵头完成模块二，江云涛牵头完成模块三，郭小粉牵头完成模块一。

《汤与少司工艺》作为新版专业简介颁布后西式烹饪工艺专业系列化教材的第一本，在编写过程中，得到了总主编杨铭铎教授的科学指导和吕新河教授的大力支持，得益于华中科技大学出版社汪飒婷编辑的精心安排，得到了包括参编院校在内的餐饮类院校、行业企业的大力协助，同时，还参阅了国内外烹饪相关专业书刊及相关专业人士对西式烹饪工艺研究的部分成果，保证了教材的权威性、实用性、新颖性，在此，一并表示诚挚谢意！由于时间匆忙，加之水平有限，恳请广大同行、读者批评指正。

编　者

数字资源清单

智能题库

教师组卷 学生自测 模块一自测 模块二自测 模块三自测

contents

目录

CHAPTER 01

模块一　基础汤制作

模块概述

基础汤是专业西餐厨房里最基本的液体原料，基础汤制作是西餐主厨房的日常工作任务。本模块主要学习基础汤的制作工艺，包括白色基础汤、棕色基础汤两个项目，围绕六个工作任务开展教学活动。通过学习，规范掌握基础汤的制作技艺，为后续少司与汤菜制作工艺的学习打好坚实的基础。

知识准备

基础汤（stock），习惯上称为“汤底”“底汤”，一般以骨头为主要原料，也称“骨汤”，配以蔬菜香料、香料包，加水炖制而成。有时，也会用到以纯蔬菜吊制而成的蔬菜基础汤。基础汤是制作各种汤菜、少司或焖烩类菜肴的基本液体原料。

基础汤的分类：按工艺及颜色不同，基础汤可分为白色基础汤、棕色基础汤。

扫码看课件

任务分解

项　目	任　务	思政元素
项目一　白色基础汤制作	任务一　白色牛骨汤制作	绿色中国
	任务二　白色鸡骨汤制作	
	任务三　鱼骨汤制作	
	任务四　蔬菜基础汤制作	
项目二　棕色基础汤制作	任务一　棕色牛骨汤制作	科技赋能
	任务二　棕色鸡骨汤制作	

项目一 白色基础汤制作 White Stocks

案例导入

绿色中国，健康食材

绿水青山就是金山银山——这句话在内蒙古大草原上得到了生动体现。内蒙古广袤草原是牛羊的乐园，牛羊在这里自由生长，肥美的草食使得它们拥有坚实的肌肉，具有较高的营养价值。

蓝天白云下，牛羊成群，这是一幅和谐而生动的自然画卷。绿水青山不仅是一种对自然风光的描绘，更是可持续发展理念的生动体现。内蒙古的牛羊资源十分丰富，这些牛羊不仅为当地居民提供丰富的食物，还成为当地的经济支柱。内蒙古的牛肉作为高蛋白、低脂肪的健康食品，以其优良的品质深受海内外消费者喜爱，已成为餐饮业的重要食材。牛肉是西餐菜肴的主要原料之一，而牛骨除了在中餐中发挥其独特的风味外，更是西餐制作基础汤的主要材料。

学习目标

素质目标	知识目标	能力目标
1. 养成规范意识	1. 掌握白色基础汤工艺原理	1. 能合理选择白色基础汤的原料
2. 培养标准意识	2. 了解白色基础汤原料加工标准	2. 能规范加工处理白色基础汤原料
3. 树立质量意识	3. 熟悉白色基础汤的标准制作流程	3. 能制作符合质量标准的白色基础汤
4. 贯彻健康中国理念	4. 掌握白色基础汤的保管方法	4. 能正确保管白色基础汤

任务一 白色牛骨汤制作 White Beef Stock

任务描述

热菜厨房汤菜岗主厨王师傅当值晚班，下午 2：00 准时到岗。按惯例，他首先查阅早班交班记录，明确上岗后的工作任务。第一项任务是制作白色牛骨汤，为第二天早班制作汤菜准备底汤。于是，王师傅根据标准菜谱卡，开始对原料进行加工并制作。

任务准备

1. 学习目标

（1）掌握白色牛骨汤制作工艺流程。

（2）掌握白色牛骨汤成品质量标准。

（3）能规范制作白色牛骨汤。

2. 质量标准

本色无油，清澈透明，滋味醇正，富含胶质。

3. 原料准备

名　称			用　量
中　文		外文（学生填写）	（教学中可按比例增减）
小牛骨或牛骨			3500 克
冷水			6000 克
蔬菜香料	洋葱		250 克
	蘑菇边角料		75 克
	青蒜		50 克
	芹菜		125 克
香料包	香叶		2 片
	干百里香		2 克
	白胡椒籽（压碎）		2 克
	番茜枝		4 枝

4. 工具准备（根据实际情况选用）

名　称		数　量
中　文	外文（学生填写）	（学生填写）
电子秤		
厨刀		
砧板		
汤锅		
汤勺		
网式滤斗		
过滤纸		
配料盒		

任务实施

1. 制作流程

炖煮

撇沫

过滤

冷却

保存

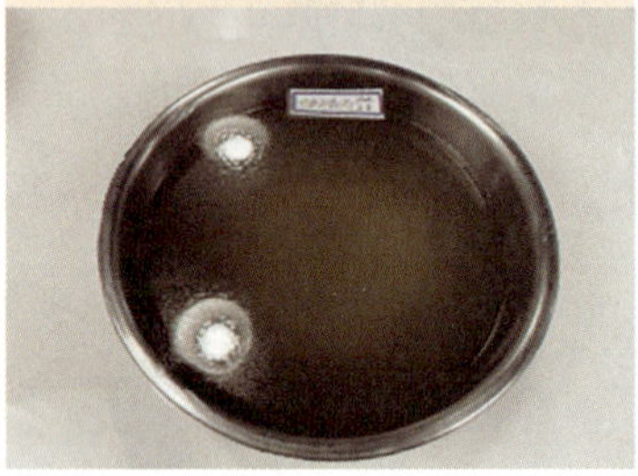

去脂

白色牛骨汤制作视频

制作过程（学生填写）

2. 技术标准

（1）牛骨锯成 8 厘米长的段。

（2）蔬菜香料洗净，切成 4 厘米大小的段块。

（3）煮开后转文火，保持在 85 ℃左右炖煮。

（4）炖制时长为 7 小时。

（5）保存：冷藏，温度 0 ～ 4 ℃，最长保存时间 3 天；冷冻：-18 ℃以下，最长保存时间 30 天。

学习评价

学习评价以培养学生的综合素质为核心，突出学生知识、能力和素质三方面全面发展，采用过程性评价和结果性评价相结合、自我评价与教师评价相结合的方式；评价内容和标准还借鉴了各类职业技能大赛的技术标准（评价表见附录 A）。

任务二　白色鸡骨汤制作　White Chicken Stock

任务描述

热菜厨房汤菜岗主厨张师傅当值晚班，下午 2：00 准时到岗。按惯例，他首先查阅早班交班记录，明确上岗后的工作任务。其中一项任务是制作白色鸡骨汤。张师傅对下午的工作任务进行了合理安排，首先制作白色鸡骨汤，然后再完成其他工作任务。

任务准备

1. 学习目标

（1）掌握白色鸡骨汤制作工艺流程。

（2）掌握白色鸡骨汤成品质量标准。

（3）能规范制作白色鸡骨汤。

2. 质量标准

本色无油，清澈透明，滋味醇正，富含胶质。

3. 原料准备

名称		外文（学生填写）	用量（教学中可按比例增减）
中文			
鸡骨			3500 克
冷水			6000 克
蔬菜香料	洋葱		250 克
	蘑菇边角料		75 克
	青蒜		50 克
	芹菜		125 克
香料包	香叶		2 片
	千百里香		2 克
	白胡椒籽（压碎）		2 克
	番茜枝		4 枝

4. 工具准备（根据实际情况选用）

名称		数量
中文	外文（学生填写）	（学生填写）
电子秤		
厨刀		
砧板		
汤锅		
汤勺		
网式滤斗		
过滤纸		
配料盒		

任务实施

1. 制作流程

炖煮

撇沫

过滤

冷却

保存

去脂

白色鸡骨汤制作视频

制作过程（学生填写）

2. 技术标准

（1）鸡骨剁成 5 厘米的段块。

（2）蔬菜香料切成 2 厘米大小的方块。

（3）煮开后转文火，保持在 85 ℃左右炖制。

（4）炖制时长为 5 小时。

（5）保存：冷藏，温度 0 ～ 4 ℃，最长保存时间 3 天；冷冻：-18 ℃以下，最长保存时间 30 天。

学习评价

学习评价以培养学生的综合素质为核心，突出学生知识、能力和素质三方面全面发展，采用过程性评价和结果性评价相结合、自我评价与教师评价相结合的方式；评价内容和标准还借鉴了各类职业技能大赛的技术标准（评价表见附录 A）。

任务三　鱼骨汤制作　Fish Stock

任务描述

热菜厨房鱼菜档急需鱼骨汤，需要汤菜岗为其准备。汤菜岗接到生产通知后，主厨李师傅按照厨房内部调拨单的要求，立即开始准备，完成生产后由厨工小王第一时间交送到位，保证了鱼菜档正常开餐。

任务准备

1. 学习目标

（1）掌握鱼骨汤制作工艺流程。

（2）掌握鱼骨汤成品质量标准。

（3）能规范制作鱼骨汤。

2. 质量标准

本色无油，清澈透明，滋味醇正，富含胶质。

3. 原料准备

名　称			用　量
中　文		外文（学生填写）	（教学中可按比例增减）
鱼骨			5000 克
冷水			5000 克
蔬菜香料	洋葱		200 克
	蘑菇边角料		100 克
	芹菜		100 克
香料包	香叶		2 片
	干百里香		2 克
	白胡椒籽（压碎）		1 克
	番茜枝		4 枝

4. 工具准备（根据实际情况选用）

名　称		数　量
中　文	外文（学生填写）	（学生填写）
电子秤		
厨刀		
砧板		
汤锅		
汤勺		
网式滤斗		
过滤纸		
配料盒		

任务实施

1. 制作流程

炖煮

撇沫

过滤

冷却

保存

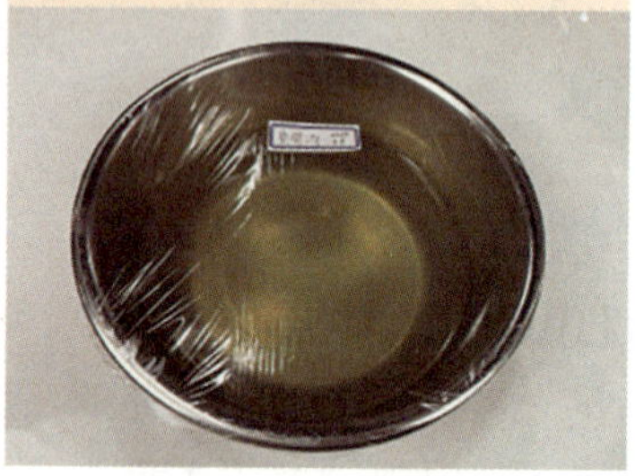

去脂

鱼骨汤
制作视频

制作过程（学生填写）

2. 技术标准

（1）鱼骨剁成 8 厘米的段，鱼头一劈为二。

（2）蔬菜香料切成 2 厘米大小的段块。

（3）煮开后转文火，保持在 85 ℃左右炖煮。

（4）炖煮时长为 45 分钟。

（5）保存：冷藏，温度 0 ～ 4 ℃，最长保存时间 2 天（鱼骨汤最好现做现用，更不建议长时间冷冻保存）。

学习评价

学习评价以培养学生的综合素质为核心，突出学生知识、能力和素质三方面全面发展，采用过程性评价和结果性评价相结合、自我评价与教师评价相结合的方式；评价内容和标准还借鉴了各类职业技能大赛的技术标准（评价表见附录 A）。

任务四　蔬菜基础汤制作　Court Bouillon

任务描述

厨房接到宴会预订处传来的宴会通知单，当晚有一桌晚宴预订，菜单中有一道汆煮三文鱼，需要准备蔬菜基础汤。汤菜岗当班主厨告诉助手小李，下午按时制作蔬菜基础汤，并于晚餐开餐前交送至鱼菜档。

任务准备

1. 学习目标

（1）掌握蔬菜基础汤制作工艺流程。

（2）掌握蔬菜基础汤成品质量标准。

（3）能规范制作蔬菜基础汤。

2. 质量标准

本色无油，清鲜淡雅，清澈透明。

3. 原料准备

名称			用量
中文		外文（学生填写）	（教学中可按比例增减）
冷水			2000 克
白醋			90 克
柠檬汁			3 克
盐			适量
蔬菜香料	洋葱		200 克
	胡萝卜		100 克
	芹菜		100 克
香料包	香叶		2 片
	干百里香		1 克
	白胡椒籽（压碎）		1 克
	番茜枝		2 枝

4. 工具准备（根据实际情况选用）

名称		数量
中文	外文（学生填写）	（学生填写）
电子秤		
厨刀		
砧板		
汤锅		
汤勺		
网式滤斗		
过滤纸		
配料盒		

任务实施

1. 制作流程

备料

炖煮

撇沫

过滤

冷却

保存

蔬菜基础汤制作视频

制作过程（学生填写）

2. 技术标准

（1）蔬菜香料切成 2 厘米大小的段块。

（2）煮开后转文火，保持在 85 ℃左右炖煮。

（3）炖煮时长为 45 分钟。

（4）保存：冷藏，温度 0 ~ 4 ℃，最长保存时间 1 天（蔬菜基础汤最好当天用完，更不建议冷冻保存）。

学习评价

学习评价以培养学生的综合素质为核心，突出学生知识、能力和素质三方面全面发展，采用过程性评价和结果性评价相结合、自我评价与教师评价相结合的方式；评价内容和标准还借鉴了各类职业技能大赛的技术标准（评价表见附录 A）。

项目二　棕色基础汤制作　Brown Stocks

案例导入

科技赋能，智能烹饪

FHC 上海国际厨艺锦标赛如期举行。赛场烹饪设备由一家国际知名品牌厨房设备厂商赞助，每个工位提供一台最新研发的智能烹饪设备——万能炉。参加比赛的队伍有中国队、意大利队、韩国队、澳大利亚队，比赛引起了众多专业厨师和烹饪爱好者的围观。据了解，观众前来不仅为了欣赏选手厨艺，还为了一睹万能炉的风采。比赛结束后，选手们一致赞叹于这款万能炉的强大性能。据他们介绍，万能炉外表看起来像一台可倾式炒炉，实际上是一种拥有强大功能的智能烹饪系统，具有极高的生产力、灵活性且操作简单，能实现煮、焖、烩、煎、炸、高压和低温烹制、夜间烹饪等诸多功能，并集成智能烹饪、智能高压、智能分区、智能节能于一体；加热系统将能量、速度与准确性结合在一起，效率高、速度快、热量分布均匀，可大大节省加热时间和能量消耗，制作炖煮耗时较长的基础汤时尤为明显，省时省电达 30% 以上。

万能炉是一款创新烹饪设备，智能、高效、环保、性能强大，几乎可取代大量的传统烹饪设备，如炉灶、扒炉、炸炉、可倾式炒炉和汤炉等，成为创新烹饪方式引领者。

学习目标

素 质 目 标	知 识 目 标	能 力 目 标
1. 养成规范意识 2. 培养标准意识 3. 树立质量意识 4. 贯彻智能烹饪理念	1. 掌握棕色基础汤工艺原理 2. 了解棕色基础汤原料加工标准 3. 熟悉棕色基础汤的标准制作流程 4. 掌握棕色基础汤的保管方法	1. 能合理选择棕色基础汤的原料 2. 能规范加工处理棕色基础汤原料 3. 能制作符合质量标准的棕色基础汤 4. 能正确保管棕色基础汤

任务一　棕色牛骨汤制作　Brown Beef Stock

任务描述

主厨李师傅当值晚班，14：00 准时到达工作岗位——主厨房汤菜岗。按工作惯例，首先查看早班交班记录，了解下午的各项备餐任务，其中第一项工作是准备棕色牛骨汤。接着，李师傅根据标准菜谱卡，带着徒弟一起吊制棕色牛骨汤。

任务准备

1. 学习目标

（1）掌握棕色牛骨汤制作工艺流程。

（2）掌握棕色牛骨汤成品质量标准。

（3）能规范制作棕色牛骨汤。

2. 质量标准

色泽棕黄，香气浓郁，滋味醇正，富含胶质。

3. 原料准备

名称			用量
中文		外文（学生填写）	（教学中可按比例增减）
牛骨			3500 克
冷水			6000 克
番茄膏			125 克
蔬菜香料	洋葱		250 克
	胡萝卜		125 克
	芹菜		125 克
香料包	香叶		2 片
	干百里香		2 克
	胡椒籽（压碎）		2 克
	番茜枝		4 枝
	蒜头		2 瓣

4. 工具准备（根据实际情况选用）

名称		数量
中文	外文（学生填写）	（学生填写）
电子秤		
厨刀		
砧板		
汤锅		
炒勺		
汤勺		
硅胶刮刀		
烤盘		
网式滤斗		
过滤纸		
配料盒		

任务实施

1. 制作流程

烤制

炖煮

撇沫

过滤

冷却

去脂

棕色牛骨汤制作视频

制作过程（学生填写）

2. 技术标准

（1）牛骨锯成 8 厘米长的段。

（2）蔬菜香料洗净，切成 4 厘米大小的块。

（3）煮开后转文火，保持在 85 ℃左右炖煮。

（4）炖煮时长为 7 小时。

（5）保存：冷藏，温度 0 ～ 4 ℃，最长保存时间 3 天；冷冻：-18 ℃以下，最长保存时间 30 天。

学习评价

学习评价以培养学生的综合素质为核心，突出学生知识、能力和素质三方面全面发展，采用过程性评价和结果性评价相结合、自我评价与教师评价相结合的方式；评价内容和标准还借鉴了各类职业技能大赛的技术标准（评价表见附录 A）。

任务二 棕色鸡骨汤制作 Brown Chicken Stock

任务描述

热菜厨房汤菜岗学徒小梁上晚班，下午早早就到岗。按师傅要求，到岗第一件事查阅了早班交班记录，了解下午的备餐任务。小梁及时向师傅汇报了下午的备餐任务。师傅立即对下午的工作进行合理安排，确定第一项工作为制作棕色鸡骨汤，然后依次完成其他工作任务。

任务准备

1. 学习目标

（1）掌握棕色鸡骨汤制作工艺流程。

（2）掌握棕色鸡骨汤成品质量标准。

（3）能规范制作棕色鸡骨汤。

2. 质量标准

色泽棕黄，香气浓郁，滋味醇正，富含胶质。

3. 原料准备

名称			用量
中文		外文（学生填写）	（教学中可按比例增减）
鸡骨			3500 克
冷水			6000 克
番茄膏			125 克
蔬菜香料	洋葱		250 克
	胡萝卜		125 克
	芹菜		125 克
香料包	香叶		2 片
	干百里香		2 克
	胡椒籽（压碎）		2 克
	番茜枝		4 枝
蒜头			2 瓣

4. 工具准备（根据实际情况选用）

名称		数量
中文	外文（学生填写）	（学生填写）
电子秤		
厨刀		
砧板		
汤锅		
炒勺		
硅胶刮刀		
汤勺		
烤盘		
网式滤斗		
过滤纸		
配料盒		

任务实施

1. 制作流程

烤制

炖煮

撇沫

过滤

冷却

去脂

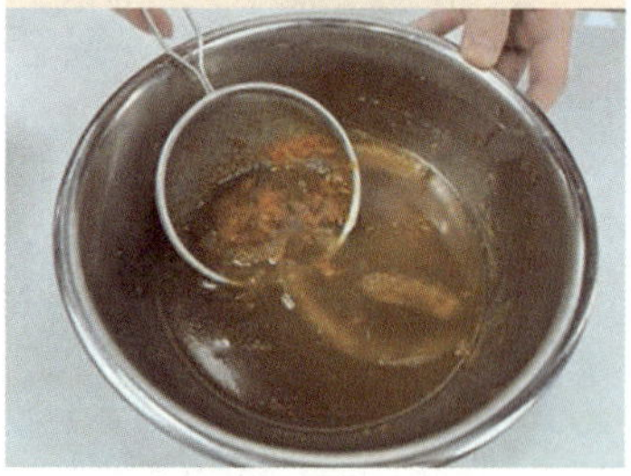

棕色鸡骨汤制作视频

制作过程（学生填写）

2. 技术标准

（1）鸡骨剁成 5 厘米的段块。

（2）蔬菜香料切成 2 厘米大小的方块。

（3）煮开后转文火，保持在 85 ℃左右炖煮。

（4）炖煮时长为 5 小时。

（5）保存：冷藏，温度 0 ～ 4 ℃，最长保存时间 3 天；冷冻：–18 ℃以下，最长保存时间 30 天。

学习评价

学习评价以培养学生的综合素质为核心，突出学生知识、能力和素质三方面全面发展，采用过程性评价和结果性评价相结合、自我评价与教师评价相结合的方式；评价内容和标准还借鉴了各类职业技能大赛的技术标准（评价表见附录 A）。

知识拓展

基础汤的应用

品　　种	用　　途
白色基础汤	主要用于白色或浅色少司、本色或白色汤菜或白烩和清烩类菜品
棕色基础汤	主要用于棕色少司或深色少司、红烩或焖类菜品

CHAPTER 02

模块二　少司制作

扫码看课件

模块概述

少司是菜肴口味的主角，少司制作是西餐主厨房日常工作任务。高端西餐厅设有专门的少司岗，有专门的少司主厨负责少司制作。本模块主要学习少司的制作工艺，分为经典少司制作、特殊少司制作、新潮少司制作三个项目，围绕十四个工作任务开展教学活动。通过学习，规范掌握少司的制作技艺，为后续西式热菜制作工艺的学习打好坚实的基础。

知识准备

少司（sauce），又称沙司，是指用于调节菜点滋味的稠滑液体，即“调味汁”，少司可对菜肴起到保湿、保温和美化的作用。少司，实际上就是一种有滋味、有一定浓稠度的液体，一般情况下，可理解为：少司＝液体＋增稠剂＋调味品。

任务分解

项　　目	任　　务	思 政 元 素
项目一　经典少司制作	任务一　贝夏梅尔少司及其子少司制作	匠心敬业
	任务二　瓦鲁迪少司及其子少司制作	
	任务三　布朗少司及其子少司制作	
	任务四　番茄少司及其子少司制作	
	任务五　荷兰少司及其子少司制作	
项目二　特殊少司制作	任务一　白葡萄酒黄油少司制作	文化自信
	任务二　混合黄油制作	
	任务三　烧汁制作	
	任务四　果蔬蓉少司制作	
	任务五　博洛尼亚少司（肉酱）制作	
	任务六　烧烤少司制作	
项目三　新潮少司制作	任务一　果蔬调味酱制作	开拓创新
	任务二　蔬菜汁少司制作	
	任务三　风味油制作	

油面酱
制作视频

Note

项目一 经典少司制作 Classical Sauces

案例导入

精益求精，传承发展

奥古斯特·埃科菲（Auguste Escoffier）是一位传奇的厨师和烹饪作家，他值得我们景仰、尊重，人们称他为“厨师之王”“王之厨师”。他专注于法国烹饪的理论研究，继承了前人的经验，整合前人的成果，并编入其专著《烹饪指南》，奠定了法国烹饪五大母少司的基石，并一直被沿用至今。实际工作中使用的各种传统热少司几乎都是以五大母少司为基础分别演变出来的，因此也就出现了五大少司家族。经典少司是法国烹调体系的重要部分，是几代法国烹饪大师研究和总结的结晶，至今仍广泛应用于西式烹饪实践中。

奥古斯特·埃科菲匠心敬业，一生始终精益求精，不论是一开始作为一名出色的厨师，或任著名酒店的餐饮总监，抑或是作为一个作家，他都是杰出且值得尊敬的。

学习目标

素质目标	知识目标	能力目标
1. 养成规范意识	1. 掌握经典少司工艺原理	1. 能合理选择经典少司的原料
2. 培养标准意识	2. 了解经典少司原料加工标准	2. 能规范加工处理经典少司的原料
3. 树立质量意识	3. 掌握经典少司标准制作流程	3. 能制作符合质量标准的经典少司
4. 具有精益求精的精神	4. 掌握经典少司的保管方法	4. 能合理应用经典少司

任务一 贝夏梅尔少司及其子少司制作

子任务一 贝夏梅尔少司制作 Béchamel Sauce

任务描述

热菜厨房少司岗主厨王师傅当值晚班，下午 2：00 准时到岗。按惯例，他首先查阅早班交班记录，明确上岗后的工作任务。第一项任务是制作贝夏梅尔少司，为制作子少司做准备。于是，王师傅根据标准菜谱卡，开始对原料进行加工并制作。

任务准备

1. 学习目标

（1）掌握贝夏梅尔少司制作工艺流程。

（2）掌握贝夏梅尔少司成品质量标准。

（3）能规范制作贝夏梅尔少司。

2. 质量标准

色泽乳白，细滑光亮，滋味纯正，浓度适中。

3. 原料准备

名 称		用 量
中 文	外文（学生填写）	（教学中可按比例增减）
洋葱		半个
香叶		2 片
牛奶		2000 克
面粉		120 克
黄油		120 克
豆蔻		少许
盐		少许
白胡椒粉		少许

4. 工具准备（根据实际情况选用）

名 称		数 量
中 文	外文（学生填写）	（学生填写）
电子秤		
少司锅		
蛋抽		
炒勺		
少司勺		
滤筛		

任务实施

1. 制作流程

炖煮

炒制

增稠

淋油

过滤

炖煮

贝夏梅尔少司制作视频

制作过程（学生填写）

2. 技术标准

（1）洋葱一切为二，插上香叶，与牛奶一起文火炖 20 分钟。

（2）炒制白色油面酱，全程小火。

（3）加入油面酱增稠，继续炖煮约 30 分钟。

（4）过滤后表面淋油，以防结皮。

学习评价

学习评价以培养学生的综合素质为核心，突出学生知识、能力和素质三方面全面发展，采用过程性评价和结果性评价相结合、自我评价与教师评价相结合的方式；评价内容和标准还借鉴了各类职业技能大赛的技术标准（评价表见附录 A）。

子任务二　奶油少司制作　Cream Sauce

任务描述

行政总厨对餐厅菜单进行了更换，菜单中有海鲜菜品搭配奶油少司。行政总厨交给少司岗一份标准菜谱卡，少司岗主厨李师傅在行政总厨的指导下对本岗位全体厨师就奶油少司进行培训和演示。

任务准备

1. 学习目标

（1）掌握奶油少司制作工艺流程。

（2）掌握奶油少司成品质量标准。

（3）能规范制作奶油少司。

2. 质量标准

色泽乳白，细滑光亮，奶香浓郁，浓度适中。

3. 原料准备

名　　称		用　　量
中　　文	外文（学生填写）	（教学中可按比例增减）
贝夏梅尔少司		1000 克
柠檬汁		少许
奶油		250 克
盐		少许
白胡椒粉		少许

4. 工具准备（根据实际情况选用）

名　　称		数　　量
中　　文	外文（学生填写）	（学生填写）
电子秤		
少司锅		
少司勺		
蛋抽		

任务实施

1. 制作流程

奶油少司制作视频

加热

混合

调味

制作过程（学生填写）

2. **技术标准**

（1）先将贝夏梅尔少司加热至 100 ℃。

（2）离火后，加入热奶油，搅拌均匀。

（3）最后加入柠檬汁，搅拌均匀。

学习评价

学习评价以培养学生的综合素质为核心，突出学生知识、能力和素质三方面全面发展，采用过程性评价和结果性评价相结合、自我评价与教师评价相结合的方式；评价内容和标准还借鉴了各类职业技能大赛的技术标准（评价表见附录 A）。

子任务三　切达少司制作　Cheddar Sauce

任务描述

上午 10 : 00，早餐开餐结束，开始午餐开餐的准备工作。热菜厨房少司岗主厨张师傅安排厨师小王先准备切达少司。

任务准备

1. 学习目标

（1）掌握切达少司制作工艺流程。

（2）掌握切达少司成品质量标准。

（3）能规范制作切达少司。

2. 质量标准

色泽乳黄，细滑光亮，芝士味浓，稠度适中。

3. 原料准备

名　称		用　量
中　文	外文（学生填写）	（教学中可按比例增减）
贝夏梅尔少司		1000 克
切达芝士碎		250 克
伍斯特夏少司		少许
芥末粉		少许
盐		少许
白胡椒粉		少许

4. 工具准备（根据实际情况选用）

名　称		数　量
中　文	外文（学生填写）	（学生填写）
电子秤		
少司锅		
少司勺		
蛋抽		

任务实施

1. 制作流程

加热

混合

调味

切达少司制作视频

制作过程（学生填写）

2. 技术标准

（1）将贝夏梅尔少司加热至 100 ℃。

（2）加入切达芝士碎，搅拌均匀。

（3）加入调味料，搅匀。

学习评价

学习评价以培养学生的综合素质为核心，突出学生知识、能力和素质三方面全面发展，采用过程性评价和结果性评价相结合、自我评价与教师评价相结合的方式；评价内容和标准还借鉴了各类职业技能大赛的技术标准（评价表见附录 A）。

子任务四　木乃少司制作　Mornay Sauce

任务描述

热菜厨房少司岗主厨刘师傅当值晚班。到岗后，按早班交班记录有条不紊地进行餐前准备工作。按计划，下午 4：30 制作木乃少司，为 VIP 顾客预订的晚宴菜品焗海鲜做准备。

任务准备

1. 学习目标

（1）掌握木乃少司制作工艺流程。

（2）掌握木乃少司成品质量标准。

（3）能规范制作木乃少司。

2. 质量标准

色泽乳黄，细滑光亮，乳香浓郁，稠度适中。

3. 原料准备

名　称		用　量
中　文	外文（学生填写）	（教学中可按比例增减）
贝夏梅尔少司		1000 克
瑞士格律耶尔芝士碎		120 克
帕玛森芝士碎		30 克
奶油		50 克
黄油		60 克
盐		少许
白胡椒粉		少许

4. 工具准备（根据实际情况选用）

名称		数量
中文	外文（学生填写）	（学生填写）
电子秤		
少司锅		
少司勺		
蛋抽		

任务实施

1. 制作流程

加热

混合

调味

木乃少司
制作视频

制作过程（学生填写）

2. 技术标准

（1）将贝夏梅尔少司加热至 100 ℃。

（2）加入瑞士格律耶尔芝士碎、帕玛森芝士碎和热奶油，搅拌均匀。

（3）最后加入黄油搅匀并调味。

学习评价

学习评价以培养学生的综合素质为核心，突出学生知识、能力和素质三方面全面发展，采用过程性评价和结果性评价相结合、自我评价与教师评价相结合的方式；评价内容和标准还借鉴了各类职业技能大赛的技术标准（评价表见附录 A）。

任务二　瓦鲁迪少司及其子少司制作

子任务一　瓦鲁迪少司制作　Velouté Sauce

任务描述

热菜厨房少司岗主厨童师傅当值晚班，下午 2：00 准时到岗。按惯例，他首先查阅早班交班记录，明确上岗后的工作任务。第一项任务是制作瓦鲁迪少司，用作子少司的基础少司。于是，童师傅根据标准菜谱卡，开始对原料进行加工并制作。

任务准备

1. 学习目标

（1）掌握瓦鲁迪少司制作工艺流程。

（2）掌握瓦鲁迪少司成品质量标准。

（3）能规范制作瓦鲁迪少司。

2. 质量标准

呈象牙色，光亮细滑，粟香味正，浓度适中。

3. 原料准备

名称		用量
中文	外文（学生填写）	（教学中可按比例增减）
清黄油		120 克
面粉		120 克
白色基础汤（鱼、鸡或小牛）		2500 克
盐		少许
白胡椒粉		少许

4. 工具准备（根据实际情况选用）

名称		数量
中文	外文（学生填写）	（学生填写）
电子秤		
少司锅		
少司勺		
蛋抽		
炒勺		
网式滤斗		

任务实施

1. 制作流程

炒制

增稠

炖煮

调味

过滤

淋油

瓦鲁迪少司制作视频

制作过程（学生填写）

2. 技术标准

（1）炒制金黄色油面酱。

（2）逐渐加入汤，并不断搅动，以防结疙瘩。

（3）上火煮沸，转文火炖约 30 分钟，调味。

（4）过滤，表面淋黄油以防结皮。

学习评价

学习评价以培养学生的综合素质为核心，突出学生知识、能力和素质三方面全面发展，采用过程性评价和结果性评价相结合、自我评价与教师评价相结合的方式；评价内容和标准还借鉴了各类职业技能大赛的技术标准（评价表见附录 A）。

子任务二　诺曼底少司制作　Normandy Sauce

任务描述

热菜厨房少司岗主厨钱师傅当值早班。10：00，钱师傅按计划开始进行午餐开餐准备，第三项任务是制作诺曼底少司，作为午餐宴会海鲜菜肴的搭配少司。

任务准备

1. 学习目标

（1）掌握诺曼底少司制作工艺流程。

（2）掌握诺曼底少司成品质量标准。

（3）能规范制作诺曼底少司。

2. 质量标准

色泽淡黄，光亮细滑，咸鲜适口，浓度适中。

3. 原料准备

名　　称		用　　量
中　　文	外文（学生填写）	（教学中可按比例增减）
瓦鲁迪少司（鱼）		1000 克
蘑菇边角料		120 克
奶油蛋液		1 个蛋黄的量
鱼骨汤		120 克
盐		少许
白胡椒粉		少许

注：奶油蛋液，即 1 份蛋黄与 3 份打发的淡奶油混合均匀。

4. 工具准备（根据实际情况选用）

名　　称		数　　量
中　　文	外文（学生填写）	（学生填写）
电子秤		
少司锅		
少司勺		
蛋抽		

任务实施

1. 制作流程

浓缩

增稠

过滤

诺曼底少司
制作视频

制作过程（学生填写）

2. 技术标准

（1）瓦鲁迪少司、蘑菇边角料、鱼骨汤混合，加热浓缩至 1/3。

（2）离火并稍稍冷却后，搅入奶油蛋液，调味并过滤。

学习评价

学习评价以培养学生的综合素质为核心，突出学生知识、能力和素质三方面全面发展，采用过程性评价和结果性评价相结合、自我评价与教师评价相结合的方式；评价内容和标准还借鉴了各类职业技能大赛的技术标准（评价表见附录 A）。

子任务三　阿勒曼德少司制作　Allemande Sauce

任务描述

热菜厨房少司岗主厨王师傅当值晚班。到岗后，他首先查阅早班交班记录，明确了上岗后的工作任务。第一项任务是制作阿勒曼德少司，为当晚开餐做准备。

任务准备

1. 学习目标

（1）掌握阿勒曼德少司制作工艺流程。

（2）掌握阿勒曼德少司成品质量标准。

（3）能规范制作阿勒曼德少司。

2. 质量标准

色泽淡黄，光亮细滑，咸鲜略酸，浓稠适中。

3. 原料准备

名　称		用　量
中　文	外文（学生填写）	（教学中可按比例增减）
瓦鲁迪少司（鸡 / 小牛）		1000 克
奶油蛋液		2 个蛋黄的量
柠檬汁		少许
盐		少许
白胡椒粉		少许

4. 工具准备（根据实际情况选用）

名　称		数　量
中　文	外文（学生填写）	（学生填写）
电子秤		
少司锅		
少司勺		
蛋抽		

任务实施

1. 制作流程

煮热

增稠

混合

调味

搅匀

过滤

阿勒曼德少司制作视频

制作过程（学生填写）

2. 技术标准

（1）瓦鲁迪少司煮热。

（2）将奶油蛋液渐渐搅入 1/3 的热瓦鲁迪少司中，再渐渐倒入剩余的瓦鲁迪少司中，搅匀。

（3）再加热但不煮沸。

（4）调味并过滤。

学习评价

学习评价以培养学生的综合素质为核心，突出学生知识、能力和素质三方面全面发展，采用过程性评价和结果性评价相结合、自我评价与教师评价相结合的方式；评价内容和标准还借鉴了各类职业技能大赛的技术标准（评价表见附录 A）。

子任务四　上等少司制作　Suprême Sauce

任务描述

少司岗主厨周师傅当值晚班。下午到岗后，开始按计划进行晚餐备餐工作。其中一项任务是制作上等少司。于是，周师傅找出标准菜谱卡，指导助手小李进行制作，以确保晚餐的正常开餐。

任务准备

1. 学习目标

（1）掌握上等少司制作工艺流程。

（2）掌握上等少司成品质量标准。

（3）能规范制作上等少司。

2. 质量标准

色泽乳白，光亮细滑，香气浓郁，浓度适中。

3. 原料准备

名称		用量
中文	外文（学生填写）	（教学中可按比例增减）
瓦鲁迪少司		1000 克
蘑菇边角料		60 克
淡奶油		250 克
盐		少许
白胡椒粉		少许

4. 工具准备（根据实际情况选用）

名称		数量
中文	外文（学生填写）	（学生填写）
电子秤		
少司锅		
少司勺		
蛋抽		

任务实施

1. 制作流程

浓缩

混合

炖煮

调味

搅匀

过滤

上等少司制作视频

制作过程（学生填写）

2. 技术标准

（1）瓦鲁迪少司与蘑菇边角料以文火炖，浓缩至 1/4。

（2）逐渐搅入淡奶油，再用文火炖 5 分钟。

（3）调味后过滤。

学习评价

学习评价以培养学生的综合素质为核心，突出学生知识、能力和素质三方面全面发展，采用过程性评价和结果性评价相结合、自我评价与教师评价相结合的方式；评价内容和标准还借鉴了各类职业技能大赛的技术标准（评价表见附录 A）。

任务三　布朗少司及其子少司制作

子任务一　布朗少司制作　Brown Sauce

任务描述

热菜厨房少司岗主厨吴师傅当值晚班。到岗后，他首先查阅早班交班记录，明确上岗后的工作任务。第一项任务是制作布朗少司，为晚餐开档制作胡椒少司、红酒少司等做准备。

任务准备

1. 学习目标

（1）掌握布朗少司制作工艺流程。

（2）掌握布朗少司成品质量标准。

（3）能规范制作布朗少司。

2. 质量标准

色泽棕红，香气浓郁，咸鲜适口，浓度适中。

3. 原料准备

名称			用量
中文		外文（学生填写）	（教学中可按比例增减）
棕色基础汤			2500 克
黄油			120 克
面粉			120 克
番茄膏			120 克
蔬菜香料	洋葱		250 克
	胡萝卜		125 克
	芹菜		125 克
香料包	香叶		1 片
	干百里香		1/4 茶匙
	胡椒籽		1/8 茶匙
	番茜枝		4 枝
盐			少许
黑胡椒粉			少许

4. 工具准备（根据实际情况选用）

名称		数量
中文	外文（学生填写）	（学生填写）
电子秤		
少司锅		
少司勺		
炒勺		
网式滤斗		
厨刀		
砧板		

任务实施

1. 制作流程

炒制

加汤

炖煮

撇沫

过滤

调味

布朗少司制作视频

制作过程（学生填写）

2. 技术标准

（1）将蔬菜香料炒黄炒香，加面粉炒成棕色油面酱。

（2）加棕色基础汤时，边加边迅速搅动，避免结块。

（3）煮开后放入香料包，转文火炖 1.5 小时，不时撇去浮沫，过滤并调味。

学习评价

学习评价以培养学生的综合素质为核心，突出学生知识、能力和素质三方面全面发展，采用过程性评价和结果性评价相结合、自我评价与教师评价相结合的方式；评价内容和标准还借鉴了各类职业技能大赛的技术标准（评价表见附录 A）。

子任务二　红酒少司制作　Marchan de Vin Sauce

任务描述

宴会厨房接到宴会通知单，当晚有 VIP 顾客预订晚宴，主菜要搭配红酒少司。厨师长通知少司岗下午 5：00 前完成红酒少司，并交送给宴会厨房，以确保晚宴的正常进行。

任务准备

1. 学习目标

（1）掌握红酒少司制作工艺流程。

（2）掌握红酒少司成品质量标准。

（3）能规范制作红酒少司。

2. 质量标准

呈酒红色，色泽光亮，酒香浓郁，浓度适中。

3. 原料准备

名称		用量
中文	外文（学生填写）	（教学中可按比例增减）
浓缩布朗少司		1000 克
干红葡萄酒		250 克
冬葱头		60 克
盐		适量
胡椒粉		适量

注：浓缩布朗少司，即将等量的布朗少司与棕色基础汤混合后加热浓缩至一半即成。

4. 工具准备（根据实际情况选用）

名称		数量
中文	外文（学生填写）	（学生填写）
电子秤		
少司锅		
少司勺		
网式滤斗		
厨刀		
砧板		

任务实施

1. 制作流程

备料

浓缩

炖煮

撇沫

过滤

调味

红酒少司制作视频

制作过程（学生填写）

2. 技术标准

（1）干红葡萄酒和冬葱头碎混合，加热浓缩至 2/3。

（2）加入浓缩布朗少司，文火炖至浓稠，其间不时撇去浮沫，过滤并调味。

学习评价

学习评价以培养学生的综合素质为核心，突出学生知识、能力和素质三方面全面发展，采用过程性评价和结果性评价相结合、自我评价与教师评价相结合的方式；评价内容和标准还借鉴了各类职业技能大赛的技术标准（评价表见附录 A）。

子任务三　猎人少司制作　Hunter's Sauce

任务描述

上午 10:00，热菜厨房厨师长开始检查午餐备餐情况，检查少司时，发现猎人少司数量有限，为保证午餐正常开餐，立即通知少司岗准备猎人少司。

任务准备

1. 学习目标

（1）掌握猎人少司制作工艺流程。

（2）掌握猎人少司成品质量标准。

（3）能规范制作猎人少司。

2. 质量标准

色泽棕红，芳香浓郁，咸鲜适口，浓度适中。

3. 原料准备

名称		用量
中文	外文（学生填写）	（教学中可按比例增减）
浓缩布朗少司		1000 克
白蘑菇		120 克
干红葡萄酒		250 克
冬葱头		60 克
番茄粒		170 克
番茜末		适量
盐		适量
胡椒粉		适量

4. 工具准备（根据实际情况选用）

名称		数量
中文	外文（学生填写）	（学生填写）
电子秤		
少司锅		
少司勺		
炒勺		
厨刀		
砧板		

任务实施

1. 制作流程

炒香

浓缩

炖煮

调味

猎人少司
制作视频

制作过程（学生填写）

2. 技术标准

（1）将白蘑菇片与冬葱头碎用黄油炒香，加干红葡萄酒，加热浓缩至 3/4。

（2）加入浓缩布朗少司后，文火炖 5 分钟，最后调味并撒入番茜末点缀。

学习评价

学习评价以培养学生的综合素质为核心，突出学生知识、能力和素质三方面全面发展，采用过程性评价和结果性评价相结合、自我评价与教师评价相结合的方式；评价内容和标准还借鉴了各类职业技能大赛的技术标准（评价表见附录 A）。

子任务四 胡椒少司制作 Poivrade Sauce

任务描述

少司岗主厨魏师傅当值晚班。到岗后，他首先查阅早班交班记录，明确下午的备餐任务，很快就带领助手开始了有计划的备餐工作。下午 4：30，开始最后一项任务，指导学徒完成胡椒少司。

任务准备

1. 学习目标

（1）掌握胡椒少司制作工艺流程。

（2）掌握胡椒少司成品质量标准。

（3）能规范制作胡椒少司。

2. 质量标准

色泽棕褐，辛香浓郁，咸鲜适口，浓度适中。

3. 原料准备

<table>
<tr><th colspan="3">名　称</th><th>用　量</th></tr>
<tr><th colspan="2">中　文</th><th>外文（学生填写）</th><th>（教学中可按比例增减）</th></tr>
<tr><td colspan="2">浓缩布朗少司</td><td></td><td>1000 克</td></tr>
<tr><td colspan="2">干红葡萄酒</td><td></td><td>120 克</td></tr>
<tr><td rowspan="3">蔬菜香料</td><td>洋葱</td><td></td><td>150 克</td></tr>
<tr><td>胡萝卜</td><td></td><td>75 克</td></tr>
<tr><td>芹菜</td><td></td><td>75 克</td></tr>
<tr><td colspan="2">香叶</td><td></td><td>1 片</td></tr>
<tr><td colspan="2">新鲜百里香</td><td></td><td>2 根</td></tr>
<tr><td colspan="2">黑胡椒籽</td><td></td><td>20 克</td></tr>
<tr><td colspan="2">黄油</td><td></td><td>60 克</td></tr>
<tr><td colspan="2">盐</td><td></td><td>适量</td></tr>
</table>

4. 工具准备（根据实际情况选用）

名　称		数　量
中　文	外文（学生填写）	（学生填写）
电子秤		
少司锅		
少司勺		
平底煎锅		
炒勺		
网式滤斗		
厨刀		
砧板		

任务实施

1. 制作流程

备料

炒香

浓缩

炖煮

过滤

调味

胡椒少司
制作视频

制作过程（学生填写）

2. 技术标准

（1）将蔬菜香料炒香，加香叶等香料、干红葡萄酒后，加热浓缩至 1/2。

（2）加入浓缩布朗少司，文火炖 30 分钟，过滤。

（3）黑胡椒籽压碎，干炒至出香气，加入少司中，以文火炖煮 5 分钟。

（4）离火后，加黄油搅拌至融合，调味。

学习评价

学习评价以培养学生的综合素质为核心，突出学生知识、能力和素质三方面全面发展，采用过程性评价和结果性评价相结合、自我评价与教师评价相结合的方式；评价内容和标准还借鉴了各类职业技能大赛的技术标准（评价表见附录 A）。

任务四　番茄少司及其子少司制作

子任务一　番茄少司制作　Tomato Sauce

任务描述

最近，外卖披萨（比萨）生意火爆，热菜厨房少司岗每天要生产一大汤锅番茄少司。早班主厨梁师傅出完早餐自助餐，又开始忙开了，带着徒工们紧锣密鼓地备料，制作番茄少司。

任务准备

1. 学习目标

（1）掌握番茄少司制作工艺流程。

（2）掌握番茄少司成品质量标准。

（3）能规范制作番茄少司。

2. 质量标准

色泽红亮，香醇浓郁，酸甜适口，浓度适中。

3. 原料准备

名称		用量（教学中可按比例增减）
中文	外文（学生填写）	
番茄粒		1000 克
白色基础汤		1000 克
洋葱碎		100 克
蒜蓉		20 克
番茄膏		40 克
罗勒叶		适量
盐		少许
白胡椒粉		少许
糖		少许

4. 工具准备（根据实际情况选用）

名称		数量（学生填写）
中文	外文（学生填写）	
电子秤		
厨刀		
砧板		
少司锅		
炒勺		

任务实施

1. 制作流程

炒制

炖煮

调味

番茄少司制作视频

制作过程（学生填写）

2. 技术标准

（1）番茄去皮去籽后切成粒。

（2）洋葱碎、蒜蓉炒香，加入番茄膏炒透。

（3）加入基础汤煮开后，文火炖煮 30 分钟。

学习评价

学习评价以培养学生的综合素质为核心，突出学生知识、能力和素质三方面全面发展，采用过程性评价和结果性评价相结合、自我评价与教师评价相结合的方式；评价内容和标准还借鉴了各类职业技能大赛的技术标准（评价表见附录 A）。

子任务二　西班牙少司制作　Spanish Sauce

任务描述

热菜厨房少司岗主厨张师傅当值晚班，下午 2：00 准时到岗。按惯例，他首先查阅早班交班记录，明确上岗后的工作任务。第一项任务是制作西班牙少司，为晚餐开餐做准备。

任务准备

1. 学习目标

（1）掌握西班牙少司制作工艺流程。

（2）掌握西班牙少司成品质量标准。

（3）能规范制作西班牙少司。

2. 质量标准

色泽红亮，香醇浓郁，酸甜适口，浓度适中。

3. 原料准备

名　称		用　量（教学中可按比例增减）
中　文	外文（学生填写）	
洋葱粒		170 克
芹菜粒		120 克
蒜蓉		5 克
番茄少司		1000 克
香叶		1 片
干百里香		1/2 茶匙
青椒粒		120 克
辣椒汁		少许
白蘑菇片		120 克
黑橄榄或青橄榄片		少许
盐		适量
胡椒粉		适量

4. 工具准备（根据实际情况选用）

名　称		数　量（学生填写）
中　文	外文（学生填写）	
电子秤		
厨刀		
砧板		
少司锅		
炒勺		

任务实施

1. 制作流程

炒制

炖煮

调味

西班牙少司制作视频

制作过程（学生填写）

2. 技术标准

（1）洋葱、芹菜、青椒均切成 3 毫米大小的粒；白蘑菇切片；黑橄榄或青橄榄切片。

（2）先将洋葱粒、芹菜粒、蒜蓉炒香，再加白蘑菇片炒软。

（3）加入番茄少司煮开后，转文火炖 15 分钟。

（4）加入青椒粒和辣椒汁后，文火炖 15 分钟。

（5）调味后加入黑橄榄或青橄榄片点缀。

Note

学习评价

学习评价以培养学生的综合素质为核心，突出学生知识、能力和素质三方面全面发展，采用过程性评价和结果性评价相结合、自我评价与教师评价相结合的方式；评价内容和标准还借鉴了各类职业技能大赛的技术标准（评价表见附录A）。

子任务三　米兰少司制作　Milanaise Sauce

任务描述

上午9：00，宴会厨房接到宴会通知单，当天中午有商务宴请预订，主菜是米兰猪柳。厨师长立即通知少司岗主厨，11：30前完成米兰少司制作，并交送给宴会厨房，以确保中午商务宴请的正常进行。

任务准备

1. 学习目标

（1）掌握米兰少司制作工艺流程。

（2）掌握米兰少司成品质量标准。

（3）能规范制作米兰少司。

2. 质量标准

色泽红亮，香醇浓郁，酸甜适口，浓度适中。

3. 原料准备

名　称		用　量
中　文	外文（学生填写）	（教学中可按比例增减）
番茄少司		1000克
白蘑菇片		140克
黄油		少许
熟火腿丝		140克
熟牛舌丝		140克
盐		适量
胡椒粉		适量

4. 工具准备（根据实际情况选用）

名　　称		数　　量
中　　文	外文（学生填写）	（学生填写）
电子秤		
厨刀		
砧板		
少司锅		
炒勺		

任务实施

1. 制作流程

炒制

炖煮

调味

米兰少司制作视频

制作过程（学生填写）

Note

2. 技术标准

（1）熟火腿、熟牛舌切成 3 毫米 ×3 毫米 ×6 厘米的丝；白蘑菇切片。

（2）将白蘑菇片炒软。

（3）煮开后转文火炖 15 分钟。

学习评价

学习评价以培养学生的综合素质为核心，突出学生知识、能力和素质三方面全面发展，采用过程性评价和结果性评价相结合、自我评价与教师评价相结合的方式；评价内容和标准还借鉴了各类职业技能大赛的技术标准（评价表见附录 A）。

任务五　荷兰少司及其子少司制作

子任务一　荷兰少司制作　Hollandaise Sauce

任务描述

下午 5：00，少司岗当值晚班的主厨李师傅用完工作餐后回到厨房，立即投入工作，为晚餐做最后一个备餐准备——制作荷兰少司。

任务准备

1. 学习目标

（1）掌握荷兰少司制作工艺流程。

（2）掌握荷兰少司成品质量标准。

（3）能规范制作荷兰少司。

2. 质量标准

色泽浅黄，光亮细滑，质地轻泡，清香淡雅。

3. 原料准备

名称		用量
中文	外文（学生填写）	（教学中可按比例增减）
冬葱头碎		1 汤匙
白胡椒籽		1/4 茶匙
白葡萄酒醋		100 克
水		100 克
清黄油		500 克
蛋黄		5 个
盐		少许
白胡椒粉		少许
柠檬汁		适量

4. 工具准备（根据实际情况选用）

名称		数量
中文	外文（学生填写）	（学生填写）
电子秤		
厨刀		
砧板		
少司锅		
不锈钢拌料盆		
蛋抽		
网式滤斗		

任务实施

1. 制作流程

备料

浓缩

过滤

搅打

调味

保温

荷兰少司制作视频

制作过程（学生填写）

2. 技术标准

（1）将冬葱头碎、白胡椒籽、白葡萄酒醋和水混合，加热浓缩至 1/2。

（2）将浓缩液过滤到盆中，加入蛋黄，混合，将盆置温水中，快速搅打起泡。

（3）当表面出现一系列皱纹时，慢慢加入清黄油，并不停搅动，使其成为稳定的乳化混合物。

（4）隔温水保存，温度不超过 60 ℃，时间不宜超过 1.5 小时。

学习评价

学习评价以培养学生的综合素质为核心，突出学生知识、能力和素质三方面全面发展，采用过程性评价和结果性评价相结合、自我评价与教师评价相结合的方式；评价内容和标准还借鉴了各类职业技能大赛的技术标准（评价表见附录 A）。

子任务二 卑亚尼少司制作 Béarnaise Sauce

任务描述

宴会厨房接到宴会通知单，当晚有晚宴预订，18：00 开餐，主菜要搭配卑亚尼少司。厨师长通知少司岗主厨，18:30 前完成卑亚尼少司制作，并交送给宴会厨房，以确保晚宴的正常进行（注：卑亚尼少司，原文 Béarnaise Sauce 的音译名，也译作班尼士少司）。

任务准备

1. 学习目标

（1）掌握卑亚尼少司制作工艺流程。

（2）掌握卑亚尼少司成品质量标准。

（3）能规范制作卑亚尼少司。

2. 质量标准

色泽浅黄，轻薄细滑，清香味纯，酸咸适口。

3. 原料准备

名称		用量
中文	外文（学生填写）	（教学中可按比例增减）
白胡椒籽		1 汤匙
白葡萄酒醋		100 克
水		100 克
鲜他拉根香草末		5 汤匙
鲜雪维香草末		3 汤匙
冬葱头碎		60 克
清黄油		500 克
蛋黄		5 只
盐		少许
白胡椒粉		少许
柠檬汁		适量

4. 工具准备（根据实际情况选用）

名称		数量
中文	外文（学生填写）	（学生填写）
电子秤		
厨刀		
砧板		
少司锅		
不锈钢盆		
打蛋器		
网式滤斗		

任务实施

1. 制作流程

备料

浓缩

过滤

搅打

调味

保温

卑亚尼少司
制作视频

制作过程（学生填写）

2. 技术标准

（1）将冬葱头碎、鲜他拉根香草末、鲜雪维香草末、白胡椒籽、白葡萄酒醋混合，加热浓缩至1/2。

（2）将浓缩液过滤到盆中，加入蛋黄，混合，将盆置温水中，搅打起泡。

（3）当表面出现一系列皱纹时，慢慢加入清黄油，并不停搅动，使其成为稳定的乳化混合物。

（4）隔温水保存，温度不超过60 ℃，时间不宜超过1.5小时。

学习评价

学习评价以培养学生的综合素质为核心，突出学生知识、能力和素质三方面全面发展，采用过程性评价和结果性评价相结合、自我评价与教师评价相结合的方式；评价内容和标准还借鉴了各类职业技能大赛的技术标准（评价表见附录A）。

子任务三　马尔泰诗少司制作　Maltaise Sauce

任务描述

宴会厨房接到宴会通知单，当天中午有商务宴请预订，12：00开餐，主菜要搭配马尔泰诗少司。厨师长通知少司岗主厨，12：30前完成马尔泰诗少司制作，并交送给宴会厨房，以确保商务宴请的正常进行（注：马尔泰诗少司，原文Maltaise Sauce的音译名）。

任务准备

1. 学习目标

（1）掌握马尔泰诗少司制作工艺流程。

（2）掌握马尔泰诗少司成品质量标准。

（3）能规范制作马尔泰诗少司。

2. 质量标准

色泽浅黄，轻泡细滑，橙香味纯，咸酸宜人。

3. 原料准备

名称		用量（教学中可按比例增减）
中文	外文（学生填写）	
荷兰少司		500 克
橙汁		30 克
橙皮屑		1 茶匙
盐		少许
白胡椒粉		少许

注：传统制法中使用血橙。

4. 工具准备（根据实际情况选用）

名称		数量（学生填写）
中文	外文（学生填写）	
电子秤		
厨刀		
砧板		
不锈钢盆		
打蛋器		

任务实施

1. 制作流程

混合

调味

保温

马尔泰诗少司制作视频

制作过程（学生填写）

2. 技术标准

（1）在荷兰少司中加入橙汁、橙皮屑，搅拌均匀。

（2）隔温水保存，温度不超过 60 ℃，时间不宜超过 1.5 小时。

学习评价

学习评价以培养学生的综合素质为核心，突出学生知识、能力和素质三方面全面发展，采用过程性评价和结果性评价相结合、自我评价与教师评价相结合的方式；评价内容和标准还借鉴了各类职业技能大赛的技术标准（评价表见附录 A）。

项目二 特殊少司制作 Special Sauces

案例导入

中国味道，征服世界

2024年2月，第26届世界奥林匹克烹饪大赛在德国斯图加特圆满落幕，中国队荣获金牌，这也是迄今为止中国在该项赛事的第一块团队金牌。作为全球顶级烹饪赛事，要求按国际标准制作与呈现。教练组充分研读赛项技术文件，菜品设计时，秉承“民族的才是世界的”理念，在严格遵循赛项规则的前提下，坚定地融入了中国元素，向全世界呈现了一场关于味道、文化和创意的盛宴。以八珍葫芦鸭这道菜为例，在菜品呈现形式上，以西餐的出品方式，但在菜肴工艺设计上，特别是调味，凸显了中国风。西餐传统的鸭类菜肴通常用橙汁或者是红酒等进行调味，教练组进行大胆创新，在使用香草红酒和橙汁的基础上，加入了中国特色调味品：酱油、海鲜酱和蚝油，经过无数次的试验调配，最终得到这款菜肴成熟的少司（酱汁）配方，让菜品味道更加完美，既具中国特色，又符合世界审美。这道菜品少司的完美融合堪称经典，深深地征服了大赛评委的味蕾。

学习目标

素质目标	知识目标	能力目标
1. 养成规范意识	1. 掌握特殊少司工艺原理	1. 能合理选择特殊少司的原料
2. 培养标准意识	2. 了解特殊少司原料加工标准	2. 能规范加工处理特殊少司原料
3. 树立质量意识	3. 掌握特殊少司的标准制作流程	3. 能制作符合质量标准的特殊少司
4. 具有国际视野	4. 掌握特殊少司的保管方法	4. 能合理应用特殊少司

任务一 白葡萄酒黄油少司制作 Beurre Blanc Sauce

任务描述

热菜厨房少司岗主厨李师傅当值晚班。到岗后，按惯例，他首先查阅早班交班记录，明确上岗后的备餐工作任务，并制订了合理的计划。临近开餐时完成白葡萄酒黄油少司制作，为晚餐开餐做准备。

任务准备

1. 学习目标

（1）掌握白葡萄酒黄油少司制作工艺流程。

（2）掌握白葡萄酒黄油少司成品质量标准。

（3）能规范制作白葡萄酒黄油少司。

2. 质量标准

色泽浅黄，光亮细滑，酒香浓郁。

3. 原料准备

名称		用量
中文	外文（学生填写）	（教学中可按比例增减）
干白葡萄酒		250 克
鱼骨汤		2000 克
淡奶油		250 克
黄油（冷）		60 克
柠檬汁		10 克
盐		少许
白胡椒粉		少许

4. 工具准备（根据实际情况选用）

名称		数量
中文	外文（学生填写）	（学生填写）
电子秤		
少司锅		
蛋抽		

白葡萄酒
黄油少司
制作视频

任务实施

1. 制作流程

浓缩

炖煮

搅拌

调味

制作过程（学生填写）

2. 技术标准

（1）将干白葡萄酒浓缩至一半。

（2）加黄油前，离火。

（3）加黄油时，边加边迅速搅拌。

（4）隔温水保存，温度在 38 ～ 54 ℃之间。

学习评价

学习评价以培养学生的综合素质为核心，突出学生知识、能力和素质三方面全面发展，采用过程性评价和结果性评价相结合、自我评价与教师评价相结合的方式；评价内容和标准还借鉴了各类职业技能大赛的技术标准（评价表见附录 A）。

任务二　混合黄油制作　Compound Butters

子任务一　香草黄油制作　Herb Butter

任务描述

宴会厨房急需香草黄油，需要少司岗为其准备。接到生产通知后，少司岗主厨单师傅按照厨房内部调拨单的要求，立即开始准备，完成生产后由厨工小宋第一时间交送到位，保证了宴会厨房的正常开餐。

任务准备

1. 学习目标

（1）掌握香草黄油制作工艺流程。

（2）掌握香草黄油成品质量标准。

（3）能规范制作香草黄油。

2. 质量标准

色泽青绿，新鲜混合香草呈碎末状分布，香气浓郁。

3. 原料准备

名　称		用　量
中　文	外文（学生填写）	（教学中可按比例增减）
黄油		500 克
混合香草（番茜、莳萝、青葱、他拉根或雪维香草等）		50 克
盐		少许
白胡椒粉		少许

4. 工具准备（根据实际情况选用）

名称		数量
中文	外文（学生填写）	（学生填写）
电子秤		
不锈钢拌料盆		
厨刀		
砧板		
硅胶刮刀		
汤勺或烘焙纸		

任务实施

1. 制作流程

香草黄油制作视频

软化

混合

成型

制作过程（学生填写）

2. 技术标准

（1）黄油置室温下软化；将混合香草剁成末，挤干水分 。

（2）成形：用汤勺挖成橄榄形，直接使用；或裱挤成宝塔花形，冻硬后使用。

（3）冷藏保存，温度为 0 ～ 4℃，最长时间 2 ～ 3 天；冷冻保存，时间不超过 30 天。

学习评价

学习评价以培养学生的综合素质为核心，突出学生知识、能力和素质三方面全面发展，采用过程性评价和结果性评价相结合、自我评价与教师评价相结合的方式；评价内容和标准还借鉴了各类职业技能大赛的技术标准（评价表见附录 A）。

子任务二　店主式黄油制作　Maître d' Hôtel Butter

任务描述

热菜厨房少司岗主厨胡师傅当值晚班，下午 2：00 准时到岗。按惯例，他首先查阅早班交班记录，明确上岗后的工作任务。第一项任务是制作店主式黄油（又称总管黄油），于是，胡师傅根据标准菜谱卡，开始对原料进行加工并制作。

任务准备

1. 学习目标

（1）掌握店主式黄油制作工艺流程。

（2）掌握店主式黄油成品质量标准。

（3）能规范制作店主式黄油。

2. 质量标准

呈青绿色，番茜呈碎末状分布，清香淡雅。

3. 原料准备

名称		用量
中文	外文（学生填写）	（教学中可按比例增减）
黄油		500 克
番茜末		30 克
盐		少许
白胡椒粉		少许
柠檬		1 个

4. 工具准备（根据实际情况选用）

名称		数量
中文	外文（学生填写）	（学生填写）
电子秤		
不锈钢拌料盆		
厨刀		
砧板		
硅胶刮刀		
裱花袋及嘴		

任务实施

1. 制作流程

软化

混合

成型

店主式黄油制作视频

制作过程（学生填写）

2. 技术标准

（1）黄油放室温下软化；将番茜剁成末，挤干水分。

（2）成形：用汤勺挖成橄榄形，直接使用；或用烘焙纸卷成圆柱形，冻硬后切成 5 毫米的厚片使用；或用裱花袋和裱花嘴裱挤成宝塔花形，冻硬后使用。

（3）冷藏保存，温度为 0 ～ 4℃，最长时间 2 ～ 3 天；冷冻保存，时间不超过 30 天。

学习评价

学习评价以培养学生的综合素质为核心，突出学生知识、能力和素质三方面全面发展，采用过程性评价和结果性评价相结合、自我评价与教师评价相结合的方式；评价内容和标准还借鉴了各类职业技能大赛的技术标准（评价表见附录 A）。

任务三　烧汁制作　Pan Gravy

任务描述

某公司举办年终嘉年华，在某高星级酒店定制了自助餐，指定肉车菜肴的品种为烤西冷。西冷在烧烤时，烤盘里留下一些烤肉汁及油脂。为保证西冷的原汁原味，同时也为综合利用，少司主厨用烤盘里的肉汁及油脂制作了烧汁，作为烤西冷的原汁少司。

任务准备

1. 学习目标

（1）掌握烧汁制作工艺流程。

（2）掌握烧汁成品质量标准。

（3）能规范制作烧汁。

2. 质量标准

色泽棕褐，焦香浓郁，咸鲜适口，浓度适中。

3. 原料准备

名　称		用　量
中　文	外文（学生填写）	（教学中可按比例增减）
烤肉汁		200 克
棕色基础汤		300 克
盐		少许
黑胡椒粉		少许
黄油		20 克
面粉		20 克

4. 工具准备（根据实际情况选用）

名　称		数　量
中　文	外文（学生填写）	（学生填写）
电子秤		
烤盘		
少司锅		
炒勺		
网式滤斗		

任务实施

1. 制作流程

烧汁制作视频

加热

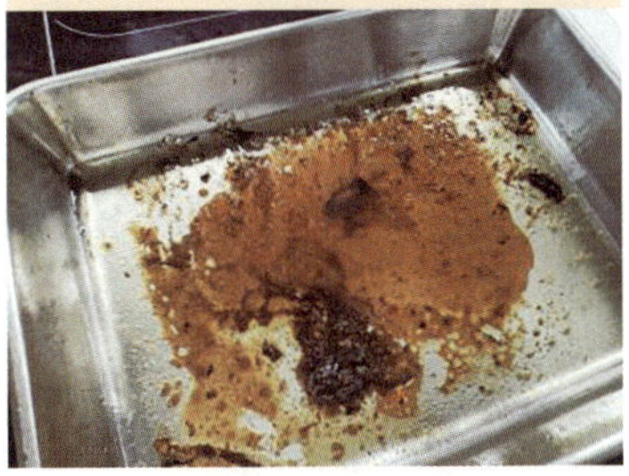

撇油

炒制

增稠

过滤

调味

制作过程（学生填写）

2. 技术标准

（1）将带肉汁的烤盘上火加热。

（2）撇除烤盘中的油脂，炒制油面酱。

（3）烤盘加入适量的棕色基础汤，加热后，一起倒入少司锅中。

（4）用油面酱增稠，过滤后调味。

学习评价

学习评价以培养学生的综合素质为核心，突出学生知识、能力和素质三方面全面发展，采用过程性评价和结果性评价相结合、自我评价与教师评价相结合的方式；评价内容和标准还借鉴了各类职业技能大赛的技术标准（评价表见附录 A）。

任务四 果蔬蓉少司制作 Coulis

子任务一 红椒蓉少司制作 Red Pepper Coulis

任务描述

热菜厨房少司岗主厨周师傅当值晚班。到岗后，他首先查阅早班交班记录，明确上岗后的工作任务。临近晚餐开餐，完成制作红椒蓉少司，为当晚宴会做准备。

任务准备

1. 学习目标

（1）掌握红椒蓉少司制作工艺流程。

（2）掌握红椒蓉少司成品质量标准。

（3）能规范制作红椒蓉少司。

2. 质量标准

色泽黄红，原汁本味，健康养生。

3. 原料准备

名称		用量
中文	外文（学生填写）	（教学中可按比例增减）
色拉油		15 克
蒜蓉		1 茶匙
洋葱（小丁）		40 克
红灯笼椒（小丁）		600 克
干白葡萄酒		120 克
白色鸡骨汤		220 克
盐		少许
白胡椒粉		少许

4. 工具准备（根据实际情况选用）

名称		数量
中文	外文（学生填写）	（学生填写）
电子秤		
少司锅		
厨刀		
砧板		
粉碎机		
炒勺		
网式滤斗		

任务实施

1. 制作流程

备料

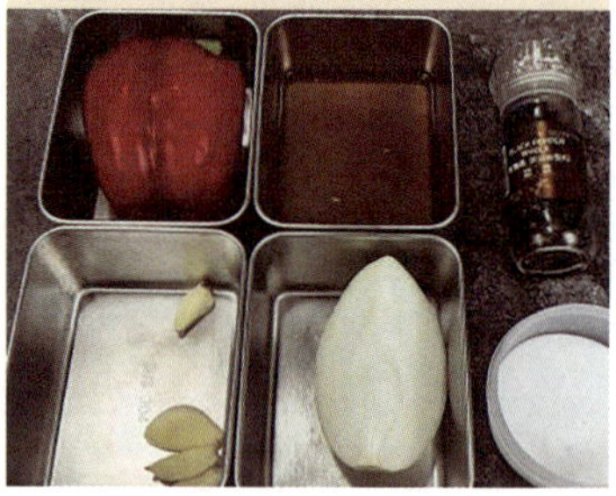

炒软

炖煮

调味

粉碎

过滤

红椒蓉少司
制作视频

制作过程（学生填写）

2. 技术标准

（1）洋葱、红灯笼椒切成 6 毫米大小的小丁。

（2）蒜蓉、洋葱炒软，但不上色。

（3）加入干白葡萄酒、白色鸡骨汤煮开，转小火炖 15 分钟。

（4）上粉碎机搅打粉碎至光滑细腻，过滤。

学习评价

学习评价以培养学生的综合素质为核心，突出学生知识、能力和素质三方面全面发展，采用过程性评价和结果性评价相结合、自我评价与教师评价相结合的方式；评价内容和标准还借鉴了各类职业技能大赛的技术标准（评价表见附录 A）。

子任务二 胡萝卜蓉少司制作 Carrot Coulis

任务描述

热菜厨房少司岗主厨周师傅当值晚班。到岗后，他首先查阅早班交班记录，明确上岗后的工作任务。临近晚餐开餐，完成胡萝卜蓉少司制作，为晚餐开档做准备。

任务准备

1. 学习目标

（1）掌握胡萝卜蓉少司制作工艺流程。

（2）掌握胡萝卜蓉少司成品质量标准。

（3）能规范制作胡萝卜蓉少司。

2. 质量标准

色泽橙黄，原汁本味，健康养生。

3. 原料准备

名称		用量
中文	外文（学生填写）	（教学中可按比例增减）
蒜蓉		1 茶匙
洋葱（小丁）		50 克
胡萝卜（片）		500 克
白葡萄酒醋		少许
白色鸡骨汤		220 克
盐		少许
白胡椒粉		少许

4. 工具准备（根据实际情况选用）

名称		数量
中文	外文（学生填写）	（学生填写）
电子秤		
少司锅		
厨刀		
砧板		
粉碎机		
炒勺		
网式滤斗		

任务实施

1. 制作流程

备料

炒软

炖煮

粉碎

过滤

调味

胡萝卜蓉少司制作视频

制作过程（学生填写）

2. 技术标准

（1）将洋葱切成 6 毫米大小的小丁、胡萝卜切成 2 毫米厚的片。

（2）蒜蓉、洋葱炒软，但不上色。

（3）加入白葡萄酒醋、白色鸡骨汤煮开，转小火炖 15 分钟。

（4）上粉碎机搅打粉碎至光滑细腻，过滤。

学习评价

学习评价以培养学生的综合素质为核心，突出学生知识、能力和素质三方面全面发展，采用过程性评价和结果性评价相结合、自我评价与教师评价相结合的方式；评价内容和标准还借鉴了各类职业技能大赛的技术标准（评价表见附录 A）。

任务五　博洛尼亚少司（肉酱）制作　Bolognese Sauce

任务描述

咖啡厅厨房急需博洛尼亚少司，需要少司岗为其准备。接到生产通知后，少司岗主厨刘师傅按照厨房内部调拨单的要求，立即开始准备，完成生产后由厨工小宋第一时间交送到位，保证了咖啡厅厨房的正常开餐。

任务准备

1. 学习目标

（1）掌握博洛尼亚少司制作工艺流程。

（2）掌握博洛尼亚少司成品质量标准。

（3）能规范制作博洛尼亚少司。

2. 质量标准

色泽黄褐，香气浓郁，咸鲜适口，浓稠适中。

3. 原料准备

名称		用量
中文	外文（学生填写）	（教学中可按比例增减）
蔬菜香料（切粒）		500克
橄榄油		120克
黄油		60克
牛肉末		1000克
干白葡萄酒		500克
牛奶		350克
肉豆蔻粉		少许
番茄（粒）		2000克
牛骨汤		500克
盐		少许
白胡椒粉		少许

4. 工具准备（根据实际情况选用）

名称		数量
中文	外文（学生填写）	（学生填写）
电子秤		
厨刀		
砧板		
少司锅		
平底煎锅		
炒勺		
配料盒		

任务实施

1. 制作流程

切粒

炒软

炒干

炖煮

调味

出锅

博洛尼亚少司制作视频

制作过程（学生填写）

2. 技术标准

（1）蔬菜香料分别切成 3 毫米大小的粒。

（2）番茄去皮去籽，切粒。

（3）蔬菜香料用橄榄油和黄油炒软。

（4）另用平底煎锅将牛肉末炒干。

（5）倒入干白葡萄酒后炒干。

（6）倒入牛奶、肉豆蔻粉后，收干。

（7）加入番茄粒、牛骨汤煮开，文火炖煮约 1.5 小时。

学习评价

学习评价以培养学生的综合素质为核心，突出学生知识、能力和素质三方面全面发展，采用过程性评价和结果性评价相结合、自我评价与教师评价相结合的方式；评价内容和标准还借鉴了各类职业技能大赛的技术标准（评价表见附录 A）。

任务六　烧烤少司制作　Barbecue Sauce

任务描述

金秋时节，天气凉爽，是适合户外烧烤的季节。某酒店适时推出金秋烧烤节，为了让食客们体验独特的烧烤风味，厨房特别研制开发了烧烤少司，每天由少司岗主厨领衔制作。烧烤少司风味独特宜人，获得食客们一致好评。

任务准备

1. 学习目标

（1）掌握烧烤少司制作工艺流程。

（2）掌握烧烤少司成品质量标准。

（3）能规范制作烧烤少司。

2. 质量标准

色泽棕褐，香味浓郁，稠度适中。

3. 原料准备

名称		用量
中文	外文（学生填写）	（教学中可按比例增减）
洋葱碎		500 克
蒜蓉		60 克
橄榄油		60 克
红葡萄酒醋		360 克
红糖		60 克
蜂蜜		120 克
牛骨汤		500 克
番茄少司		600 克
芥末粉		60 克
伍斯特夏少司		60 克
盐		少许
胡椒粉		少许
烟熏辣椒粉		少许

4. 工具准备（根据实际情况选用）

名称		数量
中文	外文（学生填写）	（学生填写）
电子秤		
厨刀		
砧板		
少司锅		
煎锅		
炒勺		
配料盒		

任务实施

1. 制作流程

切粒

炒软

混合

炖煮

收汁

调味

烧烤少司制作视频

制作过程（学生填写）

2. 技术标准

（1）将洋葱切成碎，蒜头剁成蓉。

（2）将洋葱碎和蒜蓉炒软炒香。

（3）倒入其余原料，煮开后以小火炖 30 分钟，转大火收汁，调味。

学习评价

学习评价以培养学生的综合素质为核心，突出学生知识、能力和素质三方面全面发展，采用过程性评价和结果性评价相结合、自我评价与教师评价相结合的方式；评价内容和标准还借鉴了各类职业技能大赛的技术标准（评价表见附录 A）。

项目三　新潮少司制作　Contemporary Sauces

案例导入

开拓创新，推向国际

云南菜极具区域和民族特色风味。为推广云南菜，当地餐饮界有识之士，组建了云南菜国际化创新团队，其中不乏精通中西烹饪的厨师。他们擅长运用云南当地食材，尤其是野生菌菇，将其融入菜品中。他们将西餐的少司调制工艺引入云南菜的烹饪中，研制出一系列风味独特、绿色健康的酱汁，让云南的传统味道结合国际时尚，刷新了全国乃至世界餐饮领域对云南菜固有的印象，从一个全新的角度，向外界推介云南菜。作为云南菜国际化倡导者，创新团队不仅在全国推广云南菜，还将目光投向了全球市场，通过参加国际美食博览会和各种国际烹饪大赛，成功将云南菜的独特风味以国际审美形式展示给世界各地的食客。创新云南菜不仅在国内备受追捧，也受到了国外食客的喜爱和认可。正是创新团队的努力，将云南菜推向了全国乃至全球的舞台。他们的烹饪理念和创新菜品，为云南菜的国际化发展注入了活力和新鲜血液，为云南菜的国际推广做出了贡献。

学习目标

素质目标	知识目标	能力目标
1. 养成规范意识 2. 培养标准意识 3. 树立质量意识 4. 具有开拓创新精神	1. 了解少司发展趋势 2. 掌握新潮少司工艺原理 3. 掌握新潮少司原料加工标准 4. 掌握新潮少司的设计思路	1. 能合理选择新潮少司的原料 2. 能规范加工处理新潮少司原料 3. 能制作符合质量标准的新潮少司 4. 能开发并合理应用健康少司

任务一 果蔬调味酱制作 Salsa and Relish

子任务一 番茄莎莎制作 Tomato Salsa

任务描述

某公司举办迎新派对，在某高星级酒店定制了鸡尾酒会，指定小食要有墨西哥塔可。厨师长开菜单时，特地安排了一款特色酱汁番茄莎莎搭配塔可。为保证品质，指定由冷房主厨领衔制作（注：莎莎，也称莎莎酱，是原文 salsa 的音译名，是墨西哥菜肴中常用的烹调和佐餐酱料，多用番茄和辣椒制成）。

任务准备

1. 学习目标

（1）掌握番茄莎莎制作工艺流程。

（2）掌握番茄莎莎成品质量标准。

（3）能规范制作番茄莎莎。

2. 质量标准

色泽自然，风味清鲜，酸辣开胃。

3. 原料准备

名　称		用　量
中　文	外文（学生填写）	（教学中可按比例增减）
番茄（去籽，切粒）		200 克
青葱（切葱花）		少许
蒜瓣		2 瓣
芫荽末		少许
墨西哥辣椒（剁碎）		40 克
柠檬汁		少许
盐		少许
白胡椒粉		少许
小茴香粉		1/4 茶匙
橄榄油		10 克

4. 工具准备（根据实际情况选用）

名　称		数　量
中　文	外文（学生填写）	（学生填写）
电子秤		
厨刀		
砧板		
拌料盆		
拌料勺		

任务实施

1. 制作流程

备料

混合

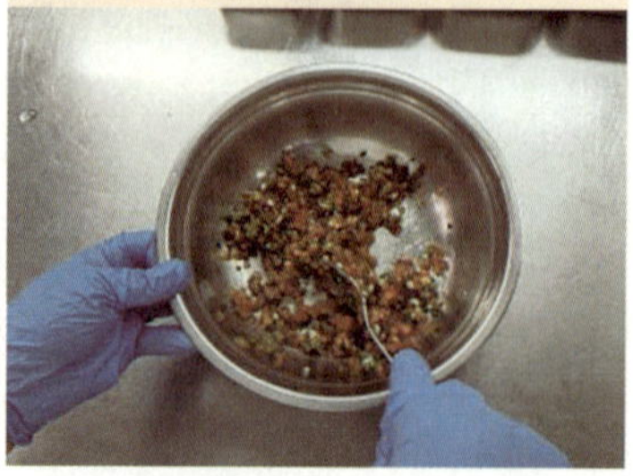

调味

番茄莎莎
制作视频

制作过程（学生填写）

2. 技术标准

（1）将番茄去籽，切成 3 毫米大小的粒；青葱切葱花；蒜瓣剁成蓉；芫荽剁成末；墨西哥辣椒剁碎。

（2）所有原料混合拌匀。

（3）冷藏保存，温度 0 ～ 5℃，最久保存 1 天。

学习评价

学习评价以培养学生的综合素质为核心，突出学生知识、能力和素质三方面全面发展，采用过程性评价和结果性评价相结合、自我评价与教师评价相结合的方式；评价内容和标准还借鉴了各类职业技能大赛的技术标准（评价表见附录 A）。

子任务二　菠萝莎莎制作　Pineapple Salsa

任务描述

咖啡厅厨房急需菠萝莎莎，需要冷房为其准备。接到生产通知后，冷房主厨秦师傅按照厨房内部调拨单的要求，立即开始准备，完成生产后由厨工第一时间交送到位，保证了咖啡厅厨房的正常开餐。

任务准备

1. 学习目标

（1）掌握菠萝莎莎制作工艺流程。

（2）掌握菠萝莎莎成品质量标准。

（3）能规范制作菠萝莎莎。

2. 质量标准

色泽自然，风味清鲜，酸甜适口。

3. 原料准备

名称		用量
中文	外文（学生填写）	（教学中可按比例增减）
菠萝（切粒）		200 克
冬葱头碎		10 克
蒜瓣		2 瓣
芫荽末		少许
柠檬汁		少许
盐		少许
白胡椒粉		少许
橄榄油		10 克

4. 工具准备（根据实际情况选用）

名称		数量
中文	外文（学生填写）	（学生填写）
电子秤		
厨刀		
砧板		
拌料盆		
拌料勺		

任务实施

1. 制作流程

备料

混合

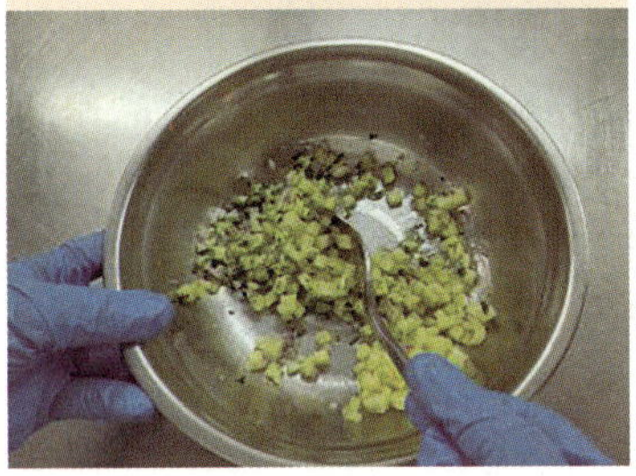

保存

菠萝莎莎制作视频

制作过程（学生填写）

2. 技术标准

（1）将菠萝肉切成 3 毫米大小的粒；冬葱头切碎；蒜瓣剁成蓉；芫荽剁成末。

（2）所有原料混合拌匀。

（3）冷藏保存，温度 0 ～ 5℃，最久保存 1 天。

学习评价

学习评价以培养学生的综合素质为核心，突出学生知识、能力和素质三方面全面发展，采用过程性评价和结果性评价相结合、自我评价与教师评价相结合的方式；评价内容和标准还借鉴了各类职业技能大赛的技术标准（评价表见附录 A）。

任务二　蔬菜汁少司制作　Vegetable Juice Sauces

子任务一　芹菜汁少司制作　Celery Juice Sauce

任务描述

热菜厨房少司岗主厨廖师傅当值早班，上午 10：00 开始检查午餐备餐情况，发现缺少芹菜汁少司。于是，安排助手根据标准菜谱卡，制作芹菜汁少司，以备午餐开餐之需。

任务准备

1. 学习目标

（1）掌握芹菜汁少司制作工艺流程。

（2）掌握芹菜汁少司成品质量标准。

（3）能规范制作芹菜汁少司。

2. 质量标准

色泽自然，清新淡雅，健康养生。

3. 原料准备

名称		用量（教学中可按比例增减）
中文	外文（学生填写）	
芹菜汁		500 克
番茄汁		250 克
鲜百里香（剁碎）		少许
黄油		90 克
盐		少许
辣椒少司		少许

4. 工具准备（根据实际情况选用）

名称		数量（学生填写）
中文	外文（学生填写）	
电子秤		
厨刀		
砧板		
榨汁机		
少司锅		
少司勺		
网式滤斗		
蛋抽		

任务实施

1. 制作流程

浓缩

调味

过滤

芹菜汁少司制作视频

制作过程（学生填写）

2. 技术标准

（1）将芹菜汁、番茄汁和鲜百里香混合，上火加热浓缩至1/2。

（2）离火，搅入黄油。

（3）调味并过滤。

学习评价

学习评价以培养学生的综合素质为核心，突出学生知识、能力和素质三方面全面发展，采用过程性评价和结果性评价相结合、自我评价与教师评价相结合的方式；评价内容和标准还借鉴了各类职业技能大赛的技术标准（评价表见附录A）。

子任务二　番茄汁少司制作　Tomato Juice Sauce

任务描述

热菜厨房少司岗主厨黄师傅当值晚班，下午4：00开始检查晚餐备餐情况，发现缺少番茄汁少司。立即安排助手按照厨房标准菜谱卡，制作番茄汁少司，以备晚餐开餐之需。

任务准备

1. 学习目标

（1）掌握番茄汁少司制作工艺流程。

（2）掌握番茄汁少司成品质量标准。

（3）能规范制作番茄汁少司。

2. 质量标准

色泽自然，清新淡雅，健康养生。

3. 原料准备

名称		用量
中文	外文（学生填写）	（教学中可按比例增减）
番茄汁		500克
柠檬		4个
白糖		100克
黄油		60克
盐		少许

4. 工具准备（根据实际情况选用）

名称		数量
中文	外文（学生填写）	（学生填写）
电子秤		
厨刀		
砧板		
榨汁机		
少司锅		
少司勺		
网式滤斗		
蛋抽		

任务实施

1. 制作流程

炖煮

浓缩

调味

番茄汁少司制作视频

制作过程（学生填写）

2. 技术标准

（1）柠檬取肉，与白糖煮成柠檬酱。

（2）加入番茄汁，混合，加热浓缩至 1/4。

（3）离火，搅入黄油。

（4）调味并过滤。

学习评价

学习评价以培养学生的综合素质为核心，突出学生知识、能力和素质三方面全面发展，采用过程性评价和结果性评价相结合、自我评价与教师评价相结合的方式；评价内容和标准还借鉴了各类职业技能大赛的技术标准（评价表见附录A）。

任务三　风味油制作　Flavored Oil

子任务一　罗勒油制作　Basil Oil

任务描述

为了体现西餐的独特芳香气，西餐厨房通常会配制一些风味油作为菜肴的辅助少司，同时还起到点缀作用。今天，少司岗主厨赵师傅当值早班，上午9：30开始检查午餐备餐情况，发现罗勒油即将用完，便立即安排制作，以备开餐之需。

任务准备

1. 学习目标

（1）掌握罗勒油制作工艺流程。

（2）掌握罗勒油成品质量标准。

（3）能规范制作罗勒油。

2. 质量标准

色泽翠绿，芳香浓郁，沁人心脾。

3. 原料准备

名　称		用　量
中　文	外文（学生填写）	（教学中可按比例增减）
新鲜罗勒叶		500克
橄榄油		250克

4. 工具准备（根据实际情况选用）

名　称		数　量
中　文	外文（学生填写）	（学生填写）
电子秤		
少司锅		
过滤纸		
网式滤斗		
粉碎机		

任务实施

1. 流程

焯水

粉碎

过滤

保存

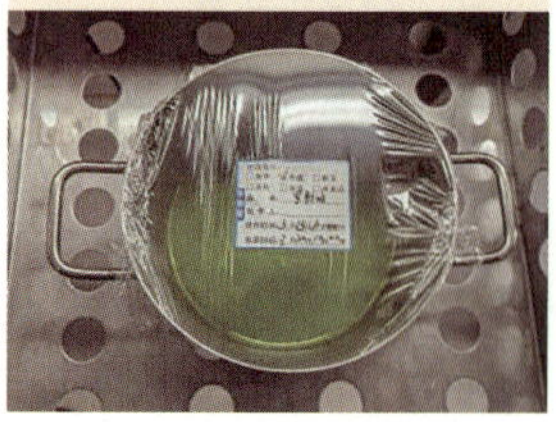

罗勒油制作视频

制作过程（学生填写）

2. 技术标准

（1）将新鲜罗勒叶洗净后焯烫 1 分钟，入冰水冷却。

（2）挤干水分后，与橄榄油一起粉碎，过滤。

学习评价

学习评价以培养学生的综合素质为核心，突出学生知识、能力和素质三方面全面发展，采用过程性评价和结果性评价相结合、自我评价与教师评价相结合的方式；评价内容和标准还借鉴了各类职业技能大赛的技术标准（评价表见附录 A）。

子任务二　香草油制作　Herb Oil

任务描述

少司岗主厨薛师傅当值晚班，下午 2：00 准时到岗。按惯例，他首先查阅早班交班记录，明确上岗的工作任务后，便开始了准备工作，第一项任务是制作香草油，以备开餐之需。

任务准备

1. 学习目标

（1）掌握香草油制作工艺流程。

（2）掌握香草油成品质量标准。

（3）能规范制作香草油。

2. 质量标准

色泽黄绿，芳香浓郁，沁人心脾。

3. 原料准备

名　称		用　量
中　文	外文（学生填写）	（教学中可按比例增减）
新鲜百里香		100 克
新鲜迷迭香		100 克
橄榄油		1000 克

4. 工具准备（根据实际情况选用）

名称		数量
中文	外文（学生填写）	（学生填写）
电子秤		
密封玻璃罐		
网式滤斗		

任务实施

1. 流程

香草油
制作视频

浸泡

过滤

保存

制作过程（学生填写）

2. 技术标准

（1）新鲜百里香和迷迭香切碎。

（2）与橄榄油一起放入密封玻璃罐中浸泡 24 小时。

（3）过滤。

学习评价

学习评价以培养学生的综合素质为核心，突出学生知识、能力和素质三方面全面发展，采用过程性评价和结果性评价相结合、自我评价与教师评价相结合的方式；评价内容和标准还借鉴了各类职业技能大赛的技术标准（评价表见附录 A）。

知识拓展

少司的应用

传统少司一般都有适配性，甚至有些少司专用于某些特定菜肴，但现代厨师常打破常规，充分发挥想象和创意，用法独特，如今，绝大多数少司有多种用途，可用于许多不同的菜肴。

CHAPTER 03

模块三　汤菜制作

扫码看课件

模块概述

汤菜是专业西餐厨房里不可或缺的产品之一，汤菜制作是西餐主厨房日常工作任务。本模块主要学习汤菜的制作工艺，以清汤制作、浓汤制作、特殊汤菜制作三个项目，围绕八个工作任务开展教学活动，以规范掌握汤菜的制作技艺。

知识准备

汤（soup），一般以基础汤或水为基本原料，通过加入不同的配料和调味料制得。它可作为开胃头盘后的第二道菜，也常直接作为第一道菜，有开胃润喉、增进食欲的作用。汤的品种繁多，根据制作技术及外观特征，绝大多数汤可分为两大类，即清汤和浓汤。此外，还有一些制法特殊的汤菜。

任务分解

项　目	任　务	思政元素
项目一　清汤制作	任务一　肉汤制作	社会责任
	任务二　蔬菜汤制作	
	任务三　高级清汤制作	
项目二　浓汤制作	任务一　奶油汤制作	中西融合
	任务二　菜蓉汤制作	
项目三　特殊汤菜制作	任务一　虾汤制作	食品安全
	任务二　文蛤周打汤制作	
	任务三　冷汤制作	

项目一 清汤制作 Clear Soups

案例导入

重温经典，赓续传承

电视剧《繁花》热播之际，上海红房子西菜馆顺势推出了“看电视剧《繁花》，品老上海西菜”的营销活动。这是一家具有悠久历史和文化底蕴的餐厅，其前身创立于1935年，一直是上海历史最悠久的法式西餐馆之一。1956年更名为“红房子西菜馆”，它见证了新中国成立后时代的进步、改革开放后经济的腾飞……

此次营销活动菜单中有一道罗宋汤，是红房子西菜馆的招牌菜之一，从开业到现在，品质从未改变。在这里品尝罗宋汤，不仅是品味美食，更是一种对历史的回味和对文化的传承。如今，红房子西菜馆依然保持着传统的烹饪工艺和菜品独特的口味，同时也不断创新。在这里，可以品味到美食的魅力，也可以感受到上海这座城市的韵味和底蕴。

上海红房子西菜馆曾得到党和国家领导人的认可，并获得“金鼎奖”“上海市著名商标”等多项荣誉。作为上海的一张名片，红房子西菜馆承载着上海人民的记忆和情感。这里的美食，不仅仅能让人有味蕾的享受，更是一种情怀的寄托。

学习目标

素质目标	知识目标	能力目标
1. 养成规范意识 2. 培养标准意识 3. 树立质量意识 4. 具有责任感和传承精神	1. 掌握清汤工艺原理 2. 了解清汤原料加工标准 3. 掌握清汤的标准制作流程 4. 掌握清汤的保存方法	1. 能合理选择清汤的原料 2. 能规范加工处理清汤原料 3. 能制作符合质量标准的清汤 4. 能合理保存清汤

任务一 肉汤制作 Broths

子任务一 牛肉汤制作 Beef broth

任务描述

热菜厨房汤菜岗主厨赵师傅当值晚班，下午 2：00 准时到岗。按惯例，他首先查阅早班交班记录，明确上岗后的工作任务。第一项任务是制作牛肉汤，为当晚宴会做准备。赵师傅根据标准菜谱卡，开始对原料进行加工并制作。

任务准备

1. 学习目标

（1）掌握牛肉汤制作工艺流程。

（2）掌握牛肉汤成品质量标准。

（3）能规范制作牛肉汤。

2. 质量标准

本色本味，无油花，清澈透亮，香醇浓郁。

3. 原料准备

名称			用量（教学中可按比例增减）
中文		外文（学生填写）	
牛肉			2500 克
色拉油			120 克
水或白色牛骨汤（冷）			4000 克
蔬菜香料	洋葱		240 克
	胡萝卜		120 克
	芹菜		120 克
青蒜（白）			20 克
番茄			120 克
香料包	香叶		1 片
	干百里香		1/4 茶匙
	胡椒籽		1/4 茶匙
	番茜枝		4 枝
	蒜头		1 瓣
盐			少许

4. 工具准备（根据实际情况选用）

名称		数量（学生填写）
中文	外文（学生填写）	
电子秤		
厨刀		
砧板		
汤锅		
炒勺		
煎锅		
汤勺		
网式滤斗		
过滤纸		

任务实施

1. 制作流程

煎制

炖煮

撇沫

炒制

炖煮

过滤

牛肉汤制作视频

制作过程（学生填写）

2. 技术标准

(1) 牛肉切成5厘米见方的块，用油煎至金黄。

(2) 蔬菜香料切成9毫米 ×9毫米 ×9毫米的丁。

(3) 番茄去籽，切成2厘米见方的片。

(4) 肉汤炖制总时长为3小时。

(5) 过滤后重新加热至即将沸腾，并调味。

(6) 保存：冷藏，温度0～4℃，最长保存时间3天；冷冻：-18℃以下，最长保存时间30天。

学习评价

学习评价以培养学生的综合素质为核心，突出学生知识、能力和素质三方面全面发展，采用过程性评价和结果性评价相结合、自我评价与教师评价相结合的方式；评价内容和标准还借鉴了各类职业技能大赛的技术标准（评价表见附录A）。

子任务二 鸡肉汤制作 Chicken Broth

任务描述

主厨邵师傅当值晚班，14：00准时到达工作岗位——主厨房汤菜岗。按工作惯例，他首先查看早班交班记录，了解下午的各项备餐任务，其中第一项工作是准备鸡肉汤。接着，根据标准菜谱卡，邵师傅带着徒弟一起吊制鸡肉汤。

任务准备

1. 学习目标

(1) 掌握鸡肉汤制作工艺流程。

(2) 掌握鸡肉汤成品质量标准。

(3) 能规范制作鸡肉汤。

2. 质量标准

原色原味，无油花，清澈透明，香醇浓郁。

3. 原料准备

名称			用量（教学中可按比例增减）
中文		外文（学生填写）	
鸡肉			2500 克
色拉油			120 克
水 / 白色鸡骨汤（冷）			4000 克
蔬菜香料	洋葱		240 克
	胡萝卜		120 克
	芹菜		120 克
青蒜（白）			20 克
番茄			120 克
香料包	香叶		1 片
	干百里香		1/4 茶匙
	胡椒籽		1/4 茶匙
	番茜枝		4 枝
	蒜头		1 瓣
盐			少许

4. 工具准备（根据实际情况选用）

名称		数量（学生填写）
中文	外文（学生填写）	
电子秤		
厨刀		
砧板		
汤锅		
炒勺		
煎锅		
汤勺		
网式滤斗		
过滤纸		

任务实施

1. 制作流程

煎制

炖煮

撇沫

炒制

炖煮

过滤

鸡肉汤
制作视频

制作过程（学生填写）

2. 技术标准

（1）鸡肉切成 5 厘米大小的方块，用油煎至金黄。

（2）蔬菜香料切成 9 毫米 ×9 毫米 ×9 毫米的丁。

（3）番茄去籽，切成 2 厘米见方的片。

（4）肉汤炖制总时长为 3 小时。

（5）过滤后重新加热至即将沸腾，并调味。

（6）保存：冷藏，温度 0 ～ 4℃，最长保存时间 3 天；冷冻：-18℃以下，最长保存时间 30 天。

学习评价

学习评价以培养学生的综合素质为核心，突出学生知识、能力和素质三方面全面发展，采用过程性评价和结果性评价相结合、自我评价与教师评价相结合的方式；评价内容和标准还借鉴了各类职业技能大赛的技术标准（评价表见附录 A）。

任务二　蔬菜汤制作　Vegetable Soups

子任务一　法式洋葱汤制作　Soupe à l'oignon/ French Onion Soup

任务描述

宴会厨房接到宴会通知单，当晚有晚宴预订，18：00 开餐，菜单上第二道是法式洋葱汤。厨师长通知汤菜岗主厨，18：00 前制作完成，并交送给宴会厨房，以确保晚宴的正常进行。

任务准备

1. 学习目标

（1）掌握法式洋葱汤制作工艺流程。

（2）掌握法式洋葱汤成品质量标准。

（3）能规范制作法式洋葱汤。

2. 质量标准

色泽棕褐，浓香甘醇，洋葱丝熟软不失其形。

3. 原料准备

名称		用量
中文	外文（学生填写）	（教学中可按比例增减）
洋葱		1100 克
黄油		60 克
牛骨汤		2000 克
鲜百里香		适量
盐		少许
胡椒粉		少许
干雪利酒		60 克
法包片		适量
瑞士格律耶尔芝士碎		适量

4. 工具准备（根据实际情况选用）

名称		数量
中文	外文（学生填写）	（学生填写）
电子秤		
汤锅		
厨刀		
砧板		
汤勺		
炒勺		

任务实施

1. 制作流程

切丝

炒制

加汤

炖煮

调味

焗烤

法式洋葱汤制作视频

制作过程（学生填写）

2. 技术标准

（1）洋葱切成均匀的丝。

（2）洋葱丝用小火慢炒至棕黄色，约 30 分钟。

（3）加入牛骨汤煮开后转小火炖约 45 分钟。

（4）法包片上撒芝士碎，焗烤至金黄色。

学习评价

学习评价以培养学生的综合素质为核心，突出学生知识、能力和素质三方面全面发展，采用过程性评价和结果性评价相结合、自我评价与教师评价相结合的方式；评价内容和标准还借鉴了各类职业技能大赛的技术标准（评价表见附录 A）。

子任务二　意大利蔬菜汤制作　Minestrone

任务描述

咖啡厅厨房急需意大利蔬菜汤，需要汤菜岗为其生产。接到生产通知后，汤菜岗主厨東师傅按照厨房内部调拨单的要求，立即开始准备，完成生产后由厨工第一时间交送到位，保证了咖啡厅厨房的正常开餐。

任务准备

1. 学习目标

（1）掌握意大利蔬菜汤制作工艺流程。

（2）掌握意大利蔬菜汤成品质量标准。

（3）能规范制作意大利蔬菜汤。

2. 质量标准

色泽黄红，味香浓醇，咸酸甘甜，蔬菜熟软不失其形。

3. 原料准备

名　称		用　量
中　文	外文（学生填写）	（教学中可按比例增减）
干白豆（煮熟）		200 克
橄榄油		15 克
洋葱（切方片）		150 克
蒜头（剁碎）		2 瓣
芹菜（切丁）		200 克
胡萝卜（切片）		150 克
节瓜（切片）		200 克
包菜（切方片）		200 克
蔬菜基础汤		2500 克
番茄（去皮去籽，切方片）		200 克
番茄膏		150 克
鲜罗勒叶（剁碎）		1 汤匙
鲜番茜（剁碎）		1 汤匙
通心粉（熟）		60 克
帕马森芝士		适量
盐		少许
白胡椒粉		少许

4. 工具准备（根据实际情况选用）

名　称		数　量
中　文	外文（学生填写）	（学生填写）
电子秤		
汤锅		
厨刀		
砧板		
汤勺		
炒勺		

任务实施

1. 制作流程

备料

炒制

加汤

炖煮

调味

装盘

意大利蔬菜汤制作视频

制作过程（学生填写）

2. 技术标准

（1）方片的规格标准为 1.5 厘米 ×1.5 厘米 ×0.5 厘米。

（2）洋葱、蒜蓉、胡萝卜、芹菜、包菜依次入锅，以文火慢慢炒软。

（3）节瓜片、番茄片直接加入汤中炖煮。

（4）煮沸后转小火炖 1 小时。

学习评价

学习评价以培养学生的综合素质为核心，突出学生知识、能力和素质三方面全面发展，采用过程性评价和结果性评价相结合、自我评价与教师评价相结合的方式；评价内容和标准还借鉴了各类职业技能大赛的技术标准（评价表见附录 A）。

任务三　高级清汤制作　Consommés

子任务一　牛肉清汤制作　Beef Consommé

任务描述

热菜厨房汤菜岗主厨冯师傅当值晚班，下午 2：00 准时到岗。按惯例，他首先查阅早班交班记录，明确上岗后的工作任务。第一项任务是制作牛肉清汤，为当晚宴会做准备。

任务准备

1. 学习目标

（1）掌握牛肉清汤制作工艺流程。

（2）掌握牛肉清汤成品质量标准。

（3）能规范制作牛肉清汤。

2. 质量标准

深茶色，无油花，清澈透亮，香醇浓郁。

3. 原料准备

名称			用量 （教学中可按比例增减）
中文		外文（学生填写）	
蛋清			5 只
牛肉末（瘦）			500 克
牛肉汤或牛骨汤（冷）			2500 克
扒洋葱			1 个
蔬菜香料	洋葱		100 克
	胡萝卜		50 克
	芹菜		50 克
香料包	香叶		1 片
	干百里香		1/4 茶匙
	胡椒籽		1/4 茶匙
	番茜枝		4 枝
盐			少许

4. 工具准备（根据实际情况选用）

名称		数量 （学生填写）
中文	外文（学生填写）	
电子秤		
汤锅		
厨刀		
砧板		
汤勺		
蛋抽		
网式滤斗		
过滤纸		

任务实施

1. 制作流程

打发

混合

搅拌

炖煮

过滤

装盘

牛肉清汤
制作视频

制作过程（学生填写）

2. 技术标准

（1）将蛋清稍抽打起泡。

（2）将牛肉末与蔬菜香料搅拌上劲。

（3）加汤的同时加入冰块降温。

（4）上文火炖，并不时搅动，当牛肉混合物凝固并上浮到表面，停止搅动。

（5）文火炖 1.5 小时左右。

（6）过滤并撇去浮油。

（7）过滤后重新加热至即将沸腾，并调味。

学习评价

学习评价以培养学生的综合素质为核心，突出学生知识、能力和素质三方面全面发展，采用过程性评价和结果性评价相结合、自我评价与教师评价相结合的方式；评价内容和标准还借鉴了各类职业技能大赛的技术标准（评价表见附录 A）。

子任务二 鸡肉清汤制作 Chicken Consommé

任务描述

宴会厨房接到宴会通知单，当晚有 VIP 顾客预订晚宴，客人指定汤菜要鸡肉清汤。厨师长通知汤菜岗下午 5：00 前完成鸡肉清汤，并交送给宴会厨房，以确保晚宴的正常进行。

任务准备

1. 学习目标

（1）掌握鸡肉清汤制作工艺流程。

（2）掌握鸡肉清汤成品质量标准。

（3）能规范制作鸡肉清汤。

2. 质量标准

淡琥珀色，无油花，清澈透亮，香醇浓郁。

3. 原料准备

<table>
<tr><th colspan="3">名　　称</th><th>用　　量</th></tr>
<tr><th colspan="2">中　　文</th><th>外文（学生填写）</th><th>（教学中可按比例增减）</th></tr>
<tr><td colspan="2">蛋清</td><td></td><td>5 只</td></tr>
<tr><td colspan="2">鸡肉末</td><td></td><td>500 克</td></tr>
<tr><td colspan="2">鸡肉汤或鸡骨汤（冷）</td><td></td><td>2500 克</td></tr>
<tr><td colspan="2">扒洋葱</td><td></td><td>半个</td></tr>
<tr><td rowspan="3">蔬菜香料</td><td>洋葱</td><td></td><td>100 克</td></tr>
<tr><td>胡萝卜</td><td></td><td>50 克</td></tr>
<tr><td>芹菜</td><td></td><td>50 克</td></tr>
<tr><td rowspan="4">香料包</td><td>香叶</td><td></td><td>1 片</td></tr>
<tr><td>干百里香</td><td></td><td>1/4 茶匙</td></tr>
<tr><td>胡椒籽</td><td></td><td>1/4 茶匙</td></tr>
<tr><td>番茜枝</td><td></td><td>4 枝</td></tr>
<tr><td colspan="2">盐</td><td></td><td>少许</td></tr>
</table>

4. 工具准备（根据实际情况选用）

名　　称		数　　量
中　　文	外文（学生填写）	（学生填写）
电子秤		
汤锅		
厨刀		
砧板		
汤勺		
蛋抽		
网式滤斗		
过滤纸		

任务实施

1. 制作流程

打发

混合

搅拌

炖煮

过滤

装盘

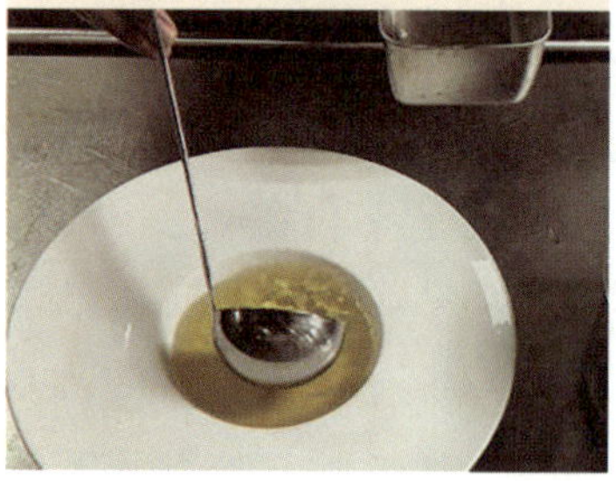

鸡肉清汤
制作视频

制作过程（学生填写）

2. 技术标准

（1）将蛋清稍抽打起泡。

（2）将鸡肉末与蔬菜香料搅拌上劲。

（3）加汤的同时加入冰块降温。

（4）上文火炖，并不时搅动，当鸡肉混合物凝固并上浮到表面，停止搅动。

（5）文火炖 1 小时左右。

（6）过滤并撇去浮油。

（7）过滤后重新加热至即将沸腾，并调味。

学习评价

学习评价以培养学生的综合素质为核心，突出学生知识、能力和素质三方面全面发展，采用过程性评价和结果性评价相结合、自我评价与教师评价相结合的方式；评价内容和标准还借鉴了各类职业技能大赛的技术标准（评价表见附录 A）。

项目二　浓汤制作　Thick Soups

案例导入

中西融合，兼收并蓄

在改革开放的大潮中，中国餐饮业迎来了前所未有的发展机遇。金陵饭店作为国内首批接待外宾的高端酒店，不仅在硬件设施上体现了现代化的风貌，更在餐饮服务上展现了中西融合的创新精神。1987 年，金陵饭店的厨师们巧妙地将中西烹饪手法融合，创造出了一道新颖的美食——酥皮海味，该菜品迅速成为金陵饭店的招牌菜。它将法餐泰斗保罗·博古斯的马赛鱼汤、酥皮汤和中式炖汤巧妙结合，不仅在味道上实现了中西合璧，更在形式上进行了创新。酥皮诱人的金黄色泽、酥松的口感，与浓郁的海鲜羹相得益彰。这道酥皮海味，不仅得到了国家领导人和一些国家元首的高度评价，也为金陵饭店赢得了良好的声誉，并迅速风靡大江南北，为中华美食的多样性和包容性增添了新的注脚。

学习目标

素质目标	知识目标	能力目标
1. 养成规范意识 2. 培养标准意识 3. 树立质量意识 4. 具有兼收并蓄的创新意识	1. 掌握浓汤工艺原理 2. 掌握浓汤原料加工标准 3. 掌握浓汤的标准制作流程 4. 掌握清汤的保存方法	1. 能合理选择浓汤的原料 2. 能规范加工处理浓汤原料 3. 能制作符合质量标准的浓汤 4. 能合理保存浓汤

任务一　奶油汤制作　Cream Soups

子任务一　奶油蘑菇汤制作　Cream of Mushroom Soup

任务描述

汤菜岗主厨许师傅当值晚班，下午 2：00 准时到岗。按惯例，他首先查阅早班交班记录，明确上岗后的工作任务。第一项任务是制作奶油蘑菇汤，为当晚宴会做准备。于是，许师傅根据标准菜谱卡，开始对原料进行加工并制作。

任务准备

1. 学习目标

（1）掌握奶油蘑菇汤制作工艺流程。

（2）掌握奶油蘑菇汤成品质量标准。

（3）能规范制作奶油蘑菇汤。

2. 质量标准

色泽灰白，奶香浓郁，味鲜醇厚，细腻稠滑。

3. 原料准备

名　称		用　量
中　文	外文（学生填写）	（教学中可按比例增减）
白蘑菇		400 克
黄油		60 克
面粉		20 克
洋葱碎		60 克
蒜蓉		20 克
鸡骨汤		1000 克
淡奶油		100 克
盐		少许
白胡椒粉		少许
黄油面包丁		适量

4. 工具准备（根据实际情况选用）

名　称		数　量
中　文	外文（学生填写）	（学生填写）
电子秤		
汤锅		
厨刀		
砧板		
汤勺		
蛋抽		
粉碎机		
网式滤斗		

任务实施

1. 制作流程

炒制

炖煮

粉碎

过滤

调味

装盘

奶油蘑菇汤制作视频

制作过程（学生填写）

2. 技术标准

（1）将洋葱碎、蒜蓉炒香，再加入白蘑菇，炒干水分。

（2）文火炖煮 30 分钟。

（3）淡奶油应在最后加入。

（4）粉碎后重新加热，并调味。

学习评价

学习评价以培养学生的综合素质为核心，突出学生知识、能力和素质三方面全面发展，采用过程性评价和结果性评价相结合、自我评价与教师评价相结合的方式；评价内容和标准还借鉴了各类职业技能大赛的技术标准（评价表见附录 A）。

子任务二　奶油西兰花汤制作　Cream of Broccoli Soup

任务描述

热菜厨房汤菜岗主厨宋师傅当值早班。9：30，按计划开始午餐开餐准备，第三项任务是制作奶油西兰花汤，11：00 前完成制作，以备午餐开餐之需。

任务准备

1. 学习目标

（1）掌握奶油西兰花汤制作工艺流程。

（2）掌握奶油西兰花汤成品质量标准。

（3）能规范制作奶油西兰花汤。

2. 质量标准

色泽翠绿，奶香浓郁，汤味醇厚，细腻稠滑。

3. 原料准备

名称		用量
中文	外文（学生填写）	（教学中可按比例增减）
黄油		40 克
洋葱碎		60 克
芹菜丁		40 克
西兰花		250 克
鸡骨汤		1000 克
油面酱		40 克
淡奶油		100 克
盐		少许
白胡椒粉		少许
小朵西兰花（熟）		适量

4. 工具准备（根据实际情况选用）

名称		数量
中文	外文（学生填写）	（学生填写）
电子秤		
汤锅		
厨刀		
砧板		
汤勺		
蛋抽		
粉碎机		
网式滤斗		

任务实施

1. 制作流程

炒制

炖煮

粉碎

装盘

调味

过滤

奶油西兰花汤制作视频

制作过程（学生填写）

2. 技术标准

（1）洋葱碎、芹菜丁和西兰花以文火炒软，不上色。

（2）以油面酱增加并稳定浓稠度。

（3）文火炖 15 分钟，撇去浮沫。

（4）粉碎并过滤。

（5）过滤后重新加热，调味。

（6）淡奶油应在调味时加入。

学习评价

学习评价以培养学生的综合素质为核心，突出学生知识、能力和素质三方面全面发展，采用过程性评价和结果性评价相结合、自我评价与教师评价相结合的方式；评价内容和标准还借鉴了各类职业技能大赛的技术标准（评价表见附录 A）。

任务二　菜蓉汤制作　Purée Soups

子任务一　南瓜蓉汤制作　Purée of Pumpkin Soup

任务描述

金秋时节，餐厅更换了菜单。新菜单中有一道应季汤菜——南瓜蓉汤。厨师长交给汤菜岗一份标准菜谱卡，汤菜岗主厨刁师傅在厨师长的指导下对本岗位全体厨师就南瓜蓉汤进行了培训和演示。

任务准备

1. 学习目标

（1）掌握南瓜蓉汤制作工艺流程。

（2）掌握南瓜蓉汤成品质量标准。

（3）能规范制作南瓜蓉汤。

2. 质量标准

色泽橙黄，滋味醇厚，咸甜适口，口感细腻。

3. 原料准备

名称			用量
中文		外文（学生填写）	（教学中可按比例增减）
南瓜			1000 克
黄油			100 克
蔬菜香料	洋葱		50 克
	胡萝卜		25 克
	芹菜		25 克
鸡骨汤			1500 克
姜末			10 克
淡奶油			100 克
盐			少许
白胡椒粉			少许
黄油面包丁			适量

4. 工具准备（根据实际情况选用）

名称		数量
中文	外文（学生填写）	（学生填写）
电子秤		
汤锅		
汤勺		
粉碎机		
炒勺		
厨刀		
砧板		

任务实施

1. 制作流程

炒制

加汤

炖煮

粉碎

调味

装盘

南瓜蓉汤
制作视频

制作过程（学生填写）

2. 技术标准

（1）南瓜切成厚薄均匀的片。

（2）以文火将南瓜煮至熟烂。

（3）粉碎机搅打至均匀细腻。

（4）重新加热，调味。

学习评价

学习评价以培养学生的综合素质为核心，突出学生知识、能力和素质三方面全面发展，采用过程性评价和结果性评价相结合、自我评价与教师评价相结合的方式；评价内容和标准还借鉴了各类职业技能大赛的技术标准（评价表见附录 A）。

子任务二　青豆蓉汤制作　Purée of Green Pea Soup

任务描述

宴会厨房接到宴会通知单，当晚有 VIP 顾客预订晚宴，客人指定汤菜要青豆蓉汤。厨师长通知汤菜岗厨师下午 5：00 前制作完成，并交送给宴会厨房，以确保晚宴的正常进行。

任务准备

1. 学习目标

（1）掌握青豆蓉汤制作工艺流程。

（2）掌握青豆蓉汤成品质量标准。

（3）能规范制作青豆蓉汤。

2. 质量标准

色泽翠绿，滋味醇厚，咸甜适口，口感细腻。

3. 原料准备

名称		用量
中文	外文（学生填写）	（教学中可按比例增减）
培根		40 克
新鲜青豆		1000 克
洋葱		50 克
芹菜		20 克
鸡骨汤		1500 克
蒜瓣（切蓉）		1 瓣
香叶		1 片
百里香		1 支
盐		少许
白胡椒粉		少许
黄油面包丁		适量

注：可根据需要加入适量淡奶油。

4. 工具准备（根据实际情况选用）

名称		数量
中文	外文（学生填写）	（学生填写）
电子秤		
汤锅		
汤勺		
粉碎机		
炒勺		
厨刀		
砧板		

任务实施

1. 制作流程

炒制

加汤

炖煮

粉碎

过滤

装盘

青豆蓉汤
制作视频

制作过程（学生填写）

2. 技术标准

（1）将培根切成1厘米的方片，洋葱切碎，蒜瓣切蓉。

（2）用小火将培根炒出油脂，加洋葱碎、蒜蓉，炒软，不上色。

（3）加汤煮开后转小火炖至青豆熟烂。

（4）粉碎机搅打至均匀细腻。

（5）重新加热，调味。

学习评价

学习评价以培养学生的综合素质为核心，突出学生知识、能力和素质三方面全面发展，采用过程性评价和结果性评价相结合、自我评价与教师评价相结合的方式；评价内容和标准还借鉴了各类职业技能大赛的技术标准（评价表见附录 A）。

项目三　特殊汤菜制作　Special Soups

案例导入

食安为先，依标而行

某职业学院与一家国际品牌酒店开展校企深度合作，在酒店建立了教师工作站。某日下午，学院烹饪专业的李老师第一次来到工作站，进行跟岗交流。首先，西餐厨师长带李老师参观厨房，13：40，来到咖啡厅厨房。这时，虽然已过午餐高峰，但炉灶前依然有厨师忙碌着，炉头架满了锅具，正在加热，有位厨师还不时用红外测温枪测温。李老师见此情景很好奇，询问厨师长后得知，酒店对食品安全高度重视，执行食品安全控制管理体系——HACCP（危害分析和关键控制点）。据此，食品温度监测与控制是一大关键点，其中要求食物重新加热的标准温度为74℃。实践中，要求午餐即将结束时，也就是早班厨师下班前，将餐中保温于暖汤池中的汤菜、少司全部重新加热并达到74℃，确保其安全。

食品安全是餐饮行业的生命线，关系到消费者的身体健康和生命安全。在全球化的背景下，国际食品安全标准（如HACCP）的实施，对于提升餐饮服务品质、保障消费者权益具有重要意义。作为国际知名的酒店品牌，其对食品安全的严格把控，不仅是对消费者负责的表现，也是社会责任的体现。

学习目标

素质目标	知识目标	能力目标
1. 养成规范意识 2. 培养标准意识 3. 树立质量意识 4. 具有强烈的食品安全意识	1. 掌握特殊汤菜工艺原理 2. 掌握特殊汤菜原料加工标准 3. 掌握特殊汤菜的标准制作流程 4. 掌握特殊汤菜的保存方法	1. 能合理选择特殊汤菜的原料 2. 能规范加工处理特殊汤菜原料 3. 能制作符合质量标准的特殊汤菜 4. 能合理保存特殊汤菜

任务一　虾汤制作　Shrimp Bisque

任务描述

某外贸公司因业务需要，在酒店扒房预订了晚宴招待客户，指定要安排传统的虾汤。接到通知后，汤菜岗主厨安排在岗厨师，按照传统的标准食谱进行生产，以确保晚宴的顺利进行。

任务准备

1. 学习目标

（1）掌握虾汤制作工艺流程。

（2）掌握虾汤成品质量标准。

（3）能规范制作虾汤。

2. 质量标准

色泽红润，汤味浓醇，稠度适中，口感丝滑。

3. 原料准备

<table>
<tr><th colspan="3">名称</th><th rowspan="2">用量
（教学中可按比例增减）</th></tr>
<tr><th colspan="2">中文</th><th>外文（学生填写）</th></tr>
<tr><td colspan="2">清黄油</td><td></td><td>45 克</td></tr>
<tr><td colspan="2">蔬菜香料</td><td></td><td>200 克</td></tr>
<tr><td colspan="2">虾（连壳）</td><td></td><td>500 克</td></tr>
<tr><td colspan="2">蒜瓣（切蓉）</td><td></td><td>1 瓣</td></tr>
<tr><td colspan="2">番茄膏</td><td></td><td>30 克</td></tr>
<tr><td colspan="2">白兰地</td><td></td><td>60 克</td></tr>
<tr><td colspan="2">干白葡萄酒</td><td></td><td>150 克</td></tr>
<tr><td colspan="2">瓦鲁迪少司</td><td></td><td>2000 克</td></tr>
<tr><td colspan="2">鱼骨汤</td><td></td><td>400 克</td></tr>
<tr><td rowspan="4">香料包</td><td>香叶</td><td></td><td>1 片</td></tr>
<tr><td>干百里香</td><td></td><td>1/4 茶匙</td></tr>
<tr><td>胡椒籽（压碎）</td><td></td><td>1/4 茶匙</td></tr>
<tr><td>番茜枝</td><td></td><td>4 支</td></tr>
<tr><td colspan="2">淡奶油（热）</td><td></td><td>250 克</td></tr>
<tr><td colspan="2">盐</td><td></td><td>少许</td></tr>
<tr><td colspan="2">胡椒粉</td><td></td><td>少许</td></tr>
<tr><td colspan="2">甜红椒粉</td><td></td><td>少许</td></tr>
</table>

4. 工具准备（根据实际情况选用）

名称		数量
中文	外文（学生填写）	（学生填写）
电子秤		
汤锅		
汤勺		
粉碎机		
炒勺		
厨刀		
砧板		
网式滤斗		

任务实施

1. 制作流程

炒制

燃焰

炖煮

粉碎

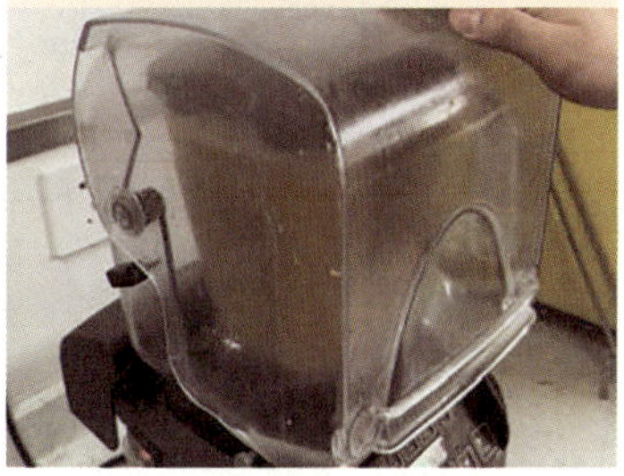

过滤

调味

虾汤
制作视频

制作过程（学生填写）

2. 技术标准

（1）选择鲜活大虾，剔除泥肠。

（2）蔬菜香料切成 9 毫米 ×9 毫米 ×9 毫米的丁。

（3）虾壳煸炒上色。

（4）白兰地引焰燃烧以增香气。

（5）加入干白葡萄酒后，加热浓缩至一半。

（6）加入瓦鲁迪少司和香料包煮沸后，用文火炖约 60 分钟，不时撇去浮沫。

（7）粉碎充分后过滤，再用文火炖 10 分钟，加入热淡奶油，调味。

学习评价

学习评价以培养学生的综合素质为核心，突出学生知识、能力和素质三方面全面发展，采用过程性评价和结果性评价相结合、自我评价与教师评价相结合的方式；评价内容和标准还借鉴了各类职业技能大赛的技术标准（评价表见附录 A）。

任务二　文蛤周打汤制作　Clam Chowder

任务描述

热菜厨房汤菜岗主厨蔡师傅当值晚班。到岗后，他先查阅早班交班记录，明确了上岗后的工作任务。第三项任务是制作文蛤周打汤，以确保晚餐该汤菜的供应。于是，蔡师傅根据标准菜谱卡，开始对原料进行加工并制作。

任务准备

1. 学习目标

（1）掌握文蛤周打汤制作工艺流程。

（2）掌握文蛤周打汤成品质量标准。

（3）能规范制作文蛤周打汤。

2. 质量标准

色泽乳白，汤味浓醇，肉质鲜嫩，汤体稠滑。

3. 原料准备

名　称		用　量
中　文	外文（学生填写）	（教学中可按比例增减）
文蛤		1000 克
鱼骨汤		1700 克
土豆（切小丁）		300 克
培根（切小丁）		100 克
洋葱（切小丁）		250 克
西芹（切小丁）		100 克
面粉		50 克
黄油		50 克
牛奶		500 克
淡奶油		100 克
盐		少许
白胡椒粉		少许
新鲜百里香		少许
苏打饼干		适量

4. 工具准备（根据实际情况选用）

名　称		数　量
中　文	外文（学生填写）	（学生填写）
电子秤		
汤锅		
煎锅		
汤勺		
炒勺		
厨刀		
砧板		
网式滤斗		
蛋抽		

任务实施

1. 制作流程

烫煮

出肉

炒制

炖煮

调味

装盘

文蛤周打汤制作视频

制作过程（学生填写）

2. 技术标准

（1）文蛤漂洗去沙，焖煮 2 分钟，待壳打开后取肉。

（2）土豆、培根、洋葱、西芹切成 6 毫米 ×6 毫米 ×6 毫米的小丁。

（3）培根用文火熬出油，不上色。

（4）洋葱、西芹用小火炒软，不上色。

（5）炒制金黄色油面酱。

（6）倒入鱼骨汤，不停搅动以防结疙瘩，文火炖 30 分钟，撇沫。

（7）牛奶和淡奶油混合加热后再倒入汤中。

（8）食用时，撒新鲜百里香点缀，配苏打饼干。

学习评价

学习评价以培养学生的综合素质为核心，突出学生知识、能力和素质三方面全面发展，采用过程性评价和结果性评价相结合、自我评价与教师评价相结合的方式；评价内容和标准还借鉴了各类职业技能大赛的技术标准（评价表见附录 A）。

任务三　冷汤制作　Cold Soups

子任务一　西班牙冷汤制作　Gazpacho

任务描述

夏天即将来临，厨师长为咖啡厅更换了夏季菜单，其中汤类中安排了西班牙冷汤。要求汤菜岗每天上下午备餐时，各生产一次西班牙冷汤，以确保午餐、晚餐该汤菜的供应及其新鲜品质。

任务准备

1. 学习目标

（1）掌握西班牙冷汤制作工艺流程。

（2）掌握西班牙冷汤成品质量标准。

（3）能规范制作西班牙冷汤。

2. 质量标准

色泽黄红，口感爽滑，风味清新，酸甜适口。

3. 原料准备

名称			用量
中文		外文（学生填写）	（教学中可按比例增减）
番茄（去皮去籽，切丁）			600 克
洋葱（切丁）			100 克
青椒（切丁）			半只
红椒（切丁）			半只
黄瓜（去皮去籽，切丁）			250 克
蒜蓉			10 克
红酒醋			30 克
柠檬汁			30 克
橄榄油			30 克
盐			少许
白胡椒粉			少许
辣椒粉			少许
鲜面包粉			40 克
番茄汁			1500 克
白色鸡骨汤			适量
装饰配料	番茄（去皮去籽，切粒）		120 克
	红椒（切粒）		60 克
	青椒（切粒）		60 克
	黄椒（切粒）		60 克
	黄瓜（切粒）		30 克
	青葱（切葱花）		30 克
	罗勒叶		适量
	橄榄油		少许

4. 工具准备（根据实际情况选用）

名称		数量
中文	外文（学生填写）	（学生填写）
电子秤		
厨刀		
砧板		
不锈钢拌料盆		
汤勺		
粉碎机		

任务实施

1. 制作流程

混合

调味

粉碎

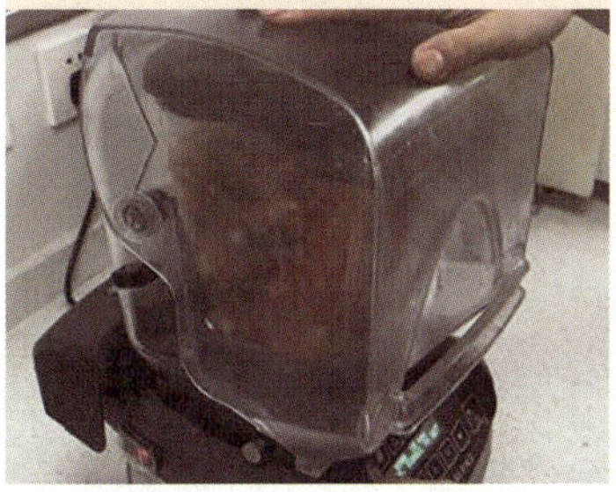

出汤

装盘

点缀

西班牙冷汤
制作视频

制作过程（学生填写）

2. 技术标准

（1）所有工具烫煮消毒。

（2）主汤料蔬菜均切成 9 毫米 ×9 毫米 ×9 毫米的丁。

（3）装饰配料中的蔬菜均切成 3 毫米 ×3 毫米 ×3 毫米的粒。

（4）冷藏后食用风味更佳，冷藏温度为 0 ～ 4℃。

学习评价

学习评价以培养学生的综合素质为核心，突出学生知识、能力和素质三方面全面发展，采用过程性评价和结果性评价相结合、自我评价与教师评价相结合的方式；评价内容和标准还借鉴了各类职业技能大赛的技术标准（评价表见附录 A）。

子任务二　青蒜薯蓉汤制作　Vichyssoise

热菜厨房汤菜岗主厨陈师傅当值晚班，下午 2：00 准时到岗。按惯例，他首先查阅早班交班记录，明确上岗后的工作任务。第一项任务是制作青蒜薯蓉汤，以备晚餐开餐之需。

任务准备

1. 学习目标

（1）掌握青蒜薯蓉汤制作工艺流程。

（2）掌握青蒜薯蓉汤成品质量标准。

（3）能规范制作青蒜薯蓉汤。

2. 质量标准

色泽乳白，咸鲜适口，香浓醇厚，稠滑细腻。

3. 原料准备

名称		用量
中文	外文（学生填写）	（教学中可按比例增减）
蒜白		500 克
黄油		100 克
土豆		500 克
鸡骨汤		1700 克
盐		少许
白胡椒粉		少许
淡奶油		350 克
青葱（切葱花）		适量

4. 工具准备（根据实际情况选用）

名称		数量
中文	外文（学生填写）	（学生填写）
电子秤		
汤锅		
汤勺		
炒勺		
粉碎机		
网式滤斗		

任务实施

1. 制作流程

炒制

炖煮

粉碎

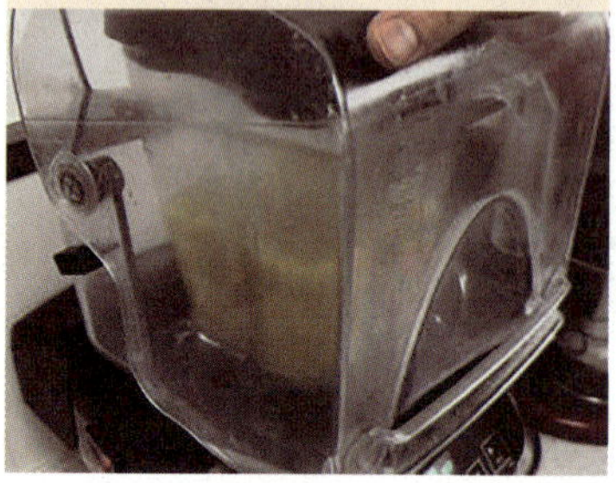

冷藏

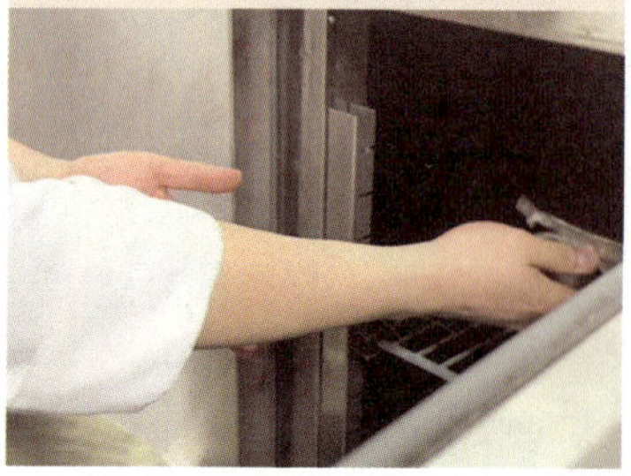

调味

装盘

青蒜薯蓉汤
制作视频

制作过程（学生填写）

2. 技术标准

（1）蒜白加黄油用小火炒软，不上色。

（2）土豆加入后煮开，转小火炖煮 45 分钟。

（3）粉碎并过滤。

（4）置冰水浴冷却，入冰箱冷藏 2 小时以上，冷藏温度为 0 ～ 4℃。

（5）食用前，混入淡奶油，调味。

学习评价

学习评价以培养学生的综合素质为核心，突出学生知识、能力和素质三方面全面发展，采用过程性评价和结果性评价相结合、自我评价与教师评价相结合的方式；评价内容和标准还借鉴了各类职业技能大赛的技术标准（评价表见附录 A）。

知识拓展

汤的装饰点缀及上桌温度

虽然大多数汤菜都有其传统的点缀方法，但许多汤的点缀更取决于厨师的想象及手头可用点缀的材料品种。汤菜也有其最佳食用温度，不同的汤类，上桌温度有不同要求。

附录 A

学习评价表

类　别	指　标	分值	自我评价	组间互评	教师评价
过程性评价（50%）	职业仪表	5			
	工作态度	5			
	卫生规范	5			
	操作安全	10			
	制作流程	10			
	团队合作	5			
	准备工作	5			
	收尾工作	5			
结果性评价（50%）	色泽	10			
	形态	5			
	香气	5			
	温度	10			
	口味	15			
	质感	5			
合　计					

附录 B

西餐厨房队伍体系

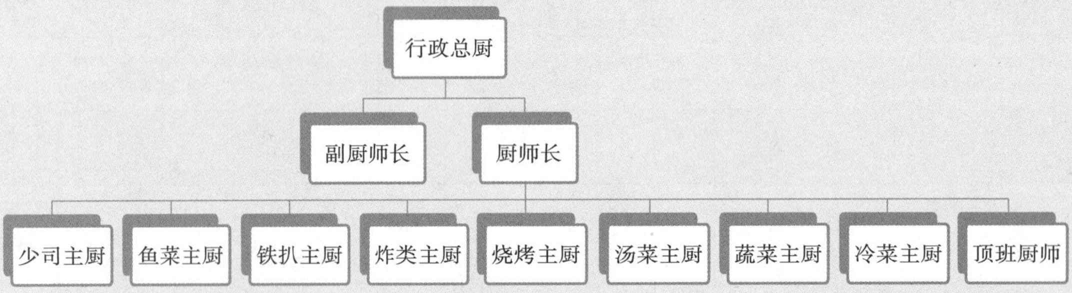

图　厨房组织结构

附录 C

专业词囊

A

Albufera sauce	艾尔布费拉少司
Allemande sauce	阿勒曼德少司
Aurora sauce	奥罗拉少司

B

Bacon	培根
Baguette	法棍
Baking pan	烤盘
Barbecue sauce	烧烤少司
Basil butter	罗勒黄油，紫苏黄油
Basil leaf	罗勒叶
Basil oil	罗勒油
Bay leaf	香叶
Béarnaise sauce	卑亚尼少司，班尼士少司
Béchamel sauce	贝夏梅尔少司
Beef	牛肉
Beef bone	牛骨
Beef broth	牛肉汤
Beef consommé	牛肉清汤
Bercy sauce	贝西少司
Beurre blanc sauce	白葡萄酒黄油少司

Beurre rouge sauce	红葡萄酒黄油少司
Black pepper	黑胡椒粉
Black pepper corn	黑胡椒籽
Blender	搅拌机
Bolognese sauce	博洛尼亚少司，肉酱
Bordelaise sauce	波尔多少司
Bouquet garni	香草束
Brandy	白兰地酒
Broccoli	西兰花
Broth	肉汤
Brown beef stock	棕色牛骨汤
Brown chicken stock	棕色鸡骨汤
Brown sauce = Espagnole sauce	布朗少司，即西班牙少司
Brown stock	棕色基础汤
Brown sugar	红糖
Butter	黄油

C

Cabbage	包菜
Cardinal sauce	卡地纳尔少司
Carrot	胡萝卜
Carrot Coulis	胡萝卜蓉少司
Cayenne pepper	（红）辣椒粉
Celery	芹菜
Celery juice	芹菜汁
Celery juice sauce	芹菜汁少司
Chasseur sauce = Hunter's sauce	猎人少司
Charcuterie sauce	熟肉店少司
Châteaubriand sauce	莎桃布翁少司
Cheddar cheese	切达芝士，切打芝士，车打芝士
Cheddar sauce	切达少司，切打少司，车打少司
Chef's knife =French knife	厨刀
Chervil	雪维香草，细叶芹
Chevreuil sauce	雪佛利少司

Chicken	鸡肉
Chicken bone	鸡骨
Chicken broth	鸡肉汤
Chicken consommé	鸡肉清汤
Chili powder	辣椒粉
Chinois	网式滤斗
Chive	青葱
Chopped coriander	芫荽末
Chopped garlic	蒜蓉
Chopped jalapeno pepper	墨西哥辣椒碎
Chopped onion	洋葱碎
Chopped parsley	番茜末
Chopped shallot	冬葱头碎
Chopping board	砧板
Choron sauce	草郎少司
Clam	文蛤
Clam chowder	文蛤周打汤
Clarified butter	清黄油
Classical sauce	经典少司
Clear soup	清汤
Cold soup	冷汤
Compound butter	混合黄油
Consommé	高级清汤
Contemporary Sauce	新潮少司
Cooked beef tongue	熟牛舌丝
Cooked ham	熟火腿
Cooked macaroni	熟通心粉
Coulis	果蔬蓉少司
Court bouillon	蔬菜基础汤
Cream	奶油
Cream of broccoli soup	奶油西兰花汤
Cream of mushroom soup	奶油蘑菇汤
Cream sauce	奶油少司
Cream soup	奶油汤

Creole sauce	克里奥耳少司
Crouton	黄油面包丁
Cucumber	黄瓜
Cumin	小茴香

D

Diced tomato	番茄丁
Diced pineapple	菠萝丁
Dill	莳萝
Dry red wine	干红葡萄酒
Dry sherry	干雪利酒
Dry white bean	干白豆
Dry white wine	干白葡萄酒

E

Egg	鸡蛋
Egg white	蛋清
Egg yolk	蛋黄
Electronic scale	电子秤
Espanole sauce = Brown sauce	西班牙少司，即布朗少司

F

Filtering paper	过滤纸
Fish bone	鱼骨
Fish stock	鱼骨汤
Flavored oil	风味油
Flour	面粉
Foyot sauce	佛约特少司
Fresh bread crumbs	鲜面包粉
Frying pan	煎锅

G

Garlic	蒜头
Gazpacho	西班牙冷汤

Glass pot	玻璃罐
Gravy	烤肉汁
Green pepper	青椒
Grimrod sauce	格里姆罗德少司
Ground beef	牛肉末
Ground chicken	鸡肉末
Gruyère	瑞士格鲁耶尔芝士

H

Herb butter	香草黄油
Herbs oil	香草油
Hollandaise sauce	荷兰少司
Honey	蜂蜜
Horseradish sauce	辣根少司
Hungarian sauce	匈牙利少司
Hunter's sauce = Chasseur sauce	猎人少司

I

Ingredient box	配料盒
Ivory sauce	艾佛利少司

L

Ladle	汤勺
Leek	青蒜
Leek stem	蒜白
Lemon	柠檬
Lemon juice	柠檬汁
Liaison	奶油蛋液
Light cream	淡奶油
Lobster Butter	龙虾黄油

M

Macaroni	通心粉
Madeira sauce	马德拉少司

Maître d'Hôtel butter	店主式黄油
Maltaise sauce	马尔泰诗少司
Marchan de vin sauce	红酒少司
Milanaise sauce	米兰少司
Milk	牛奶
Minestrone	意大利蔬菜汤
Mixed herbs	混合香草
Mixing bowl	拌料盆
Mixing spoon	拌料勺
Mirepoix	蔬菜香料、芳香蔬菜（主要包括洋葱、胡萝卜、芹菜等）
Mornay sauce	木乃少司
Mousseline sauce	莫斯林少司
Mushroom	蘑菇
Mushroom sauce	蘑菇少司
Mushroom trimming	蘑菇边角料
Mustard powder	芥末粉

N

Nantua sauce	南图阿少司
Normandy sauce	诺曼底少司
Nutmeg	豆蔻

O

Olive	橄榄
Olive oil	橄榄油
Onion	洋葱
Onion brûlée	扒洋葱
Orange juice	橙汁
Orange zest	橙皮

P

Pan gravy	烧汁
Paprika	甜红椒粉
Parmesan cheese	帕玛森芝士、帕尔马干酪

Parsley	番茜，荷兰芹
Parsley sprig	番茜枝
Pea	青豆，豌豆
Périgueux sauce	黑菌少司
Pineapple	菠萝
Pineapple salsa	菠萝莎莎
Piping bag and nozzle	裱花袋及嘴
Piquante sauce	皮昆特少司
Poivrade sauce	胡椒少司
Port sauce	波特少司
Potato	土豆
Poulette sauce	泊莱特少司
Pumpkin	南瓜
Purée of green pea soup	青豆蓉汤
Purée of pumpkin soup	南瓜蓉汤
Purée soup	菜蓉汤

R

Red bell pepper	红灯笼椒
Red pepper butter	红椒黄油
Red pepper coulis	红椒蓉少司
Reduced brown sauce	浓缩布朗少司
Red wine vinegar	红葡萄酒醋
Roasting pan	烤盘
Robert sauce	罗伯特少司
Rosemary	迷迭香，玫瑰玛丽香草
Roux	油面酱

S

Sachet	香料包
Salad oil	色拉油
Salt	盐
Sauce	少司
Sauce pan	少司锅

Sauce spoon	少司勺
Seasoning	调味料
Shallot	冬葱头
Shallot butter	冬葱头黄油
Sherry	雪利酒
Shrimp	虾
Shrimp bisque	虾汤
Silicon spatula	硅胶刮刀
Sliced mushroom	蘑菇片
Smoked cayenne pepper	烟熏辣椒
Soda biscuit	苏打饼干
Solid serving spoon	炒勺
Soubise sauce	苏比斯少司
Soup	汤，汤菜
Soupe à l'oignon français=French onion soup	法式洋葱汤
Spanish sauce	西班牙少司
Special sauce	特殊少司
Special soup	特殊汤菜
Spoon	勺子
Stainless steel mixing bowl	不锈钢拌料盆
Stock	基础汤，骨头汤
Stock pot	汤锅
Sugar	糖
Suprême sauce	上等少司

T

Tabasco	辣椒汁，辣椒籽
Tarragon	他拉根香草
Thick soup	浓汤
Thyme	百里香草
Tomato	番茄
Tomato concassé	番茄粒
Tomato juice	番茄汁
Tomato juice sauce	番茄汁少司

Tomato ketchup	番茄少司 (瓶装)
Tomato paste	番茄酱，番茄膏
Tomato salsa	番茄莎莎
Tomato sauce	番茄少司（用新鲜番茄或罐装番茄自制）

V

Vegetable juice sauce	蔬菜汁少司
Velouté sauce	瓦鲁迪少司
Vegetable soup	蔬菜汤
Vichyssoise = Cold potato–leek soup	青蒜薯蓉汤

W

Whisk	蛋抽，蛋扦，打蛋器
White pepper	白胡椒粉
White pepper corn	白胡椒籽
White beef stock	白色牛骨汤
White chicken stock	白色鸡骨汤
White stock	白色基础汤
White vinegar	白醋
White wine vinegar	白葡萄酒醋，白酒醋
White pepper	白胡椒粉
Worcestershire sauce = L & P sauce	伍斯特夏少司，李派林少司

Y

Yellow pepper	黄椒

Z

Zucchini	节瓜，绿皮密生西葫芦

主要参考文献

[1] 陆理民．西餐汤菜制作工艺及制作方法探讨[J]．食品安全导刊，2023，17（19），149-152.

[2] 蒂埃里·莫林宁戈．西餐烹饪基础[M]．沈默，译．北京：中国轻工业出版社，2021.

[3] 凯瑟琳·阿特金森，克里斯汀·法郎士，玛吉·梅休．西餐酱汁圣经[M]．丛龙岩，译．北京：中国轻工业出版社，2017.

[4] 陆理民．西餐热菜少司的演变及其应用研究[J]．现代食品，2017，3（20），59-62.

[5] 陆理民．西餐工艺与实训[M]．北京：中国旅游出版社，2013.

[6] The Culinary Institute of America. The Professional Chef [M]. Hoboken, John Wiley & Sons, Inc, 2011.

[7] LABENSKY S R, HAUSE A M, MARTEL P A. On Cooking: A Textbook of Culinary Fundamentals [M].Sudbury: Prentice Hall, 2011.

[8] MCGREAL M J. Culinary Arts[M]. Orland Park: American Technical Publishers. Inc, 2008.

[9] 韦恩·吉斯伦．专业烹饪[M]．大连：大连理工大学出版社，2005年．

[10] 陆谷孙．英汉大词典[M]．上海：上海译文出版社，2007.